开家花店"荒度"余生

Living the Rest of Your Life in A Flower Shop

JOJO 主编

中国林业出版社

Living the Rest of Your Life in A Flower Shop

开家花店"荒度"余生

策划编辑：何增明　印　芳
责任编辑：印　芳
装帧设计：刘临川　张　丽

图书在版编目（CIP）数据

开家花店"荒度"余生 / Jojo主编. -- 北京：中国林业出版社, 2017.5（花·视觉）（2019年8月重印）

ISBN 978-7-5038-9007-9

Ⅰ.①开… Ⅱ.①J… Ⅲ.①花卉装饰－装饰美术Ⅳ.①J525.1

中国版本图书馆CIP数据核字(2017)第085815号

中国林业出版社·环境园林出版分社

出　　版：	中国林业出版社
	（100009 北京西城区刘海胡同7号）
电　　话：	010－83143565
发　　行：	中国林业出版社
印　　刷：	固安县京平诚乾印刷有限公司
版　　次：	2017年6月第1版
印　　次：	2019年8月第4次印刷
开　　本：	710毫米×1000毫米　1/16
印　　张：	13.5
字　　数：	450千字
定　　价：	58.00元

让梦想照进现实

你有梦想吗？你的梦想是什么？看着眼前这一大堆稿件，夜深人静，突然想和你们聊聊梦想。这本书里出现过的人，不仅实现了他们的人生梦想，也许，实现的还有你曾经的梦想。

人生在世，如果只为了金钱，为了稳定，抑或为他人的目光去生活、去工作，那么一定很难找到持续的激情和动力，也不会获得真正的快乐。当工作沦为生存手段时，你是不是对你的人生很绝望？嗯，是时候让梦想照进现实了。不要永远做那个只会站在窗后静静观望别人幸福的人，如果你也有梦想，那今年就去努力实现吧，在这里，有很多人陪着你，一起往前。

"花视觉"系列丛书之《开家花店"荒度"余生》甄选了全国23家花店，它们的主人都是将梦想照进现实的人——怀揣自己的梦想和对花儿的挚爱，开了各种各样的花店。他们不光有情怀，有审美，也很认真地做经营。不光设计的花儿好看，还提供非常专业的服务，以及成熟的可操作的市场模式，各种业态相融合，既文艺又商业。每家店都有自己独特的经营方式和审美情趣，每家店都值得你此生去现场感受一次。这些美好的花店不再是Ins上国外花店那种漂亮却冰冷的图片，而是你我生活中真实而温暖的存在。当然，这些花店只是国内众多优秀花店中很小的一部分。未来，"花视觉"还会介绍全国更多美好的花店。

如果你也有蛰伏已久的开店梦想，如果你想了解开店期间会经历哪些难题？面对哪些磨难？怎么成功地走到彼岸？那，不要错过它，读完，你真的会有所收获。

感谢本书特约撰稿人史函忆小姐，在百忙中挤出时间挨个儿对花店进行采访，反复修改稿件无数次；感谢中赫时尚刘东炎先生不遗余力的各种支持；感谢出现在本书中的所有花店的大力配合，谢谢你们！

JoJo
2017年4月1日

「中产」来了，花店「变」了

中赫时尚教研部负责人刘东炎

最初，他以本着对一家企业负责的生意人思维进入了花艺行业。虽然直到现在，他也并不承认自己是花艺圈的，因为这位长着文艺脸拥有愤青心、即将步入中年阵营却依旧踌躇满志且风流倜傥的先生，更喜欢站在圈子外面去冷静观察。在大部分人趁着热乎劲儿跳进沸水的时候，他更愿意做那个随时准备泼冷水的人。思辨，才有进步。在本书内容开始前，我们不得不讲讲这一位被学生称为"行业里一束光"的人——中赫时尚教研部负责人刘东炎。

大概是 2011 年之前，中国的花店大都开在跟婚丧嫁娶之业态邻近的地方，功能性为主，无审美可言。当新闻上爆出某女结婚收到了 999 朵玫瑰时，大家的反应只有两个字：真大！然而，同时期世界范围内的花店已经将零售、项目、课程、品牌这些业务分门别类，从荷兰出口的花材在全球范围内流通，单单在两大洋的中间近千平方公里的地方，空出了中国这一块。那么，真的没有人去做具有设计感并且可以产生更大商业价值的花艺吗？

并不是，但市场并不买单。刘东炎说过一句话，在之后每次被大家口口相传的时候，但凡接触过花艺行业的人听到，都会有种蝴蝶从小腹中飞出来的快感。他说，任何婚礼或者活动，宾朋满席，灯光亮起，花艺师总是在此时匆匆离开，理由是，你们的活儿干完了，可以收拾东西走人了。刘东炎说，我就是要让中国的花艺师成为跟所有人一起走红毯的人。

"那么，经过这几年的发展，曾经身居幕后的花艺师们走上红毯了吗？"我问。

"没有"。我诧异。"多年来一直在花艺行业的人没有走上真正的红毯，但是，一直在走红毯的人开始进入花艺行业做花了。"刘东炎补充到。

这是一个挑战辨证思维的论断，我们应当如何理解呢？这花店，是开还是不开？答案是，当然要开，而且赶上了好时候。

那么，时下的鲜花零售市场是一种怎样的存在？首先，鲜花零售或者设计服务行业并不是一个全新的行业。正如我们目前所看到的市场状况，是消费需求升级，以及中产阶级介入经营花艺零售服务行业所带来的行业变化和发展。这是整个社会发展形势下的趋势。中产阶级人群以及各种高学历、高素养群体的介入,使得现在的花艺行业更加多元化、立体化起来,从单纯的零售贸易行为,转向为创意服务型事业,参与到创意经济的发展之中。

那你如何看待现在越来越多"花店+"的模式,将鲜花零售与咖啡、烘焙、手作、服装、餐厅等商业模式的结合?我问。

刘东炎说,人们以鲜花为载体和元素进行多种多样的商业经营行为,而不局限于鲜花,挺好的。

一句简单"挺好的",其实并不像说起来那么轻松。一些原本已经在某些领域取得相当成绩的人,用自己的价值观通过鲜花这种媒介找到了跟自己一样的消费者,这就是刘东炎之前提到的,一直在走红毯的人开始做花了。在他的商业思维模式中,这是行业的转变,而传统花艺行业想要改变,就需要市场的倒逼才能发展。我们也不用破旧立新那么绝对,只需要换几个角度看问题即可。

不过,刘东炎又提到,也有人说"一群不懂商业的人开始用情怀开花店了",市场被弄得乱七八糟。然而,究竟什么是对的,目前来说还没有一个人可以明确地定论到底花艺以怎样的一种形式运营才是最好的。我们的市场需要更多人参与进来,根据自己的想法做出些事情,才能逐渐走出一条路来。当他说到这儿时我突然想到某地的迪士尼游乐园,在初建时并没有在草坪之间铺出道路,而是开园一段时间后,根据游客们的行走习惯自然形成了痕迹才铺上了石子。这是一样的道理。刘东炎说,现在这个行业里还没有可以"指点江山"的人,未来也不需要有。每个人都是在用自己的情怀做自己喜爱的事业,都是不可复制的。

那么,为什么说一直在做花艺的人没有走上真正的红毯?其实,严格地说,跟随市场的变化而变的花店,走出了一条自己独有的康庄大道。新颖的设计和模式,之所以可以赢得消费者们的偏爱,同样也是消费升级带来的趋势化现象。也许很多人会借鉴国外各种各样的经营模式,是好事。但是,并不是所有人都敢于去改变先前的模式,去"挑战"全新的业态,而这却恰恰让那些敢于"尝鲜"的人,与新锐的花艺师们给实现了。

同时,全新的花店模式其实也是一场"生活方式"的变革。中国中产阶级的兴起让这个行业变得有"思想",很多新锐花艺师本身就是"中产"中的一员。他们愿意并积极地以鲜花为载体分享自己对于生活态度与人生的追求,这是他们与传统花艺行业很不一样的一点,也因为如此才有了"百花齐放"的今天。

说到这儿,不得不解释一下所谓的"中产阶级"。我们在很多读物上都不时会看到这四个字,它越来越频繁地代表了对生活质量要求更高品质的那群人。他们并不仅仅有物质上的消费能力,而是对精神富足的渴望更加时不我待。

刘东炎举了个例子,他问我,你觉得当《蒂凡尼的早餐》里的赫本盯着橱窗中的五光十色目瞪口呆时,她是什么阶级?再有,一个人,生活在北京,每个月6000块,每周末要去一家高档餐厅吃一顿下午茶,静静读一本书,你觉得他又是什么阶级?刘东炎,对自己的精神世界足够尊重,并适当给予满足的人,就是中产。

也许,从投资的角度来看,这些"中产"正在燃烧自己的"情怀和初心",但正是这种炽热培养和提升了今天人们的消费行为和习惯。花艺这个行业需要格局更大、眼界更宽、对人生价值追求更高的人来加入,他们是这个行业最有价值的参与者。

有时候,我们要感谢那些"自以为是"的人,因为他们让花店不仅仅是花店,让我们知道能力也要与情怀齐飞;因为他们,才有了今天那些"荒度余生"的美好与不愧我心。

不忘初心 方得始终

文字：LOVE SEASON 恋爱季节（广东·佛山）

隐约记得在「花视觉」发布了《开家花店·「荒度」余生》的征稿启事后，广东佛山「恋爱季节」随后发了这篇文章。梦想照进现实很不容易，期间所遇，冷暖自知。但是，好在大家仍旧在用自己的方式坚守，有梦想的人生，不管遇到什么都会去积极乐观面对。

1

我有一个很好的朋友，也是一个很出色的花艺师。

最近她突然跟我说，决定把花店关了……

我 2013 年入行。那时候有一家我觉得是偶像级别的花艺工作室，特别的文艺，所有的产品都清新脱俗到爆，细致到每一件小配件。至今，我仍记得第一次看到她的微博时那种心灵震撼。后来，她的婚礼找我们做花车，我才知道她没有再经营了……

工作室附近的大型购物中心里，有一家优秀的花店，装饰摆设都很用心思。前阵子搬走了，听说，合同到期后就没有续约……

2

正所谓"五六百一束，老板还是哭"。

那大家就好奇了，鲜花不是很暴利吗？

做高端花艺的朋友，数学大多是体育老师教的。

我认识绝大部分同类的花艺师都面临这样一种状况：

"我觉得用这支才特别，我觉得这支花放进去色彩会更和谐。"

和谐个鬼！

做创作的时候想都没想过，动辄就是几十块一支的进口花，一插进去利润立减，再多插一支等于全单九折。

还有呢，一支花你觉得不新鲜不用，觉得有瑕疵不用。每到月底就发现，明明生意还不错，为什么又没赚到钱？想了一下，你卖出去的花，利润来抵扣不能用的那些，租金人工水电一算上，自己基本就是陪玩了。

3

做鲜花的，什么店最赚钱？

用低成本鲜花卖高价的，

抄别人品牌的，

卖不新鲜花的，

以次充好的。

市场自有法则，每家店都有自己的经营手段，我绝对没资格评价他们。每次朋友跟我说人家怎样，你要怎么迎合市场，我都只有一个回答：我只能做好自己该做的事。

一位花艺界的大师和我说，现在很多花店不是做不出好的作品，而是客人没有要求。市面上卖得最好的依然是99朵红玫瑰，要不就是喷色的蓝色妖姬，再来就是小熊、巧克力……用又硬又大的包装纸撑起来。

我觉得我们把最好的产品和服务给他，他说，骗钱！滚！我就要大的！

我不会骂回去，因为花艺师形象温柔不能说脏话。

这到底需要多长时间才能改变这种现状呢？

4

花艺师群里曾经探讨过一个问题，花店怎么样才算赚到钱。

一个人开家温馨的小店一年赚十万八万还算OK吧？

可是，如果，这些用心经营花店的店主，不做花而选择回去上班的话都是三四十万年薪甚至更高。

问：这个人是赚了还是亏了？

生活不止眼前的苟且，还有接下来更苟且。

这群人到底是有多迷恋花，才会这样一直坚持下去？

然而如果不是他们，不是这些对生活有要求有追求的人，不是这些偏执的傻孩子们，普通商人能做到坚持理想吗？

这是一个怪圈。死循环。

5

你必须把它看作是梦想，而不是谋生的手段。

因为花艺师的人工介入对于作品太重要了，一个作品里面带有太多太多的感情。

新兴的电商，用极低的价格冲击着市场，以一种颠覆性的玩法吸引风投。可是不管天使轮A轮B轮多少轮，我对冰冰冷冷的快递箱始终不能坦然接受。

花，养好才能给客人。

我要做一束有温度的花，带着订花人的祝福，送到你的手中。

就像我们现在都习惯了叫外卖。一个个漂亮精致的盒子，汤和面分开放，送过来面有一点点硬，汤有一点点凉，只是一点点，基本不影响吃饱的需求。可是，这能代替冬夜里走进一家充满人情味的茶餐厅时，一碗热腾腾的汤面端到你面前的感觉吗？

6

社会在快速发展变化，我们这些顽固的花艺师会不会最终消失呢？

在很长一段时间里我都在思考我们的运营存在怎样的问题。

可是，一定要赚到钱才算赚吗？

我们赚到了经验，赚到了一个个温热的笑容，赚到了开心。

最重要的，至少我认识了你们。

问：我是不是赚了？

总结一下我的亲身体会："高端鲜花的手艺人，做得用心的，都没钱赚。同样的付出，在别的地方，一定可以收获更多的金钱。"

既然接受了这个事实，接下来的事情就不难了。

因为做其他事太无趣。

我们还是走在这条斑斓而芬芳的花路上，改变一下这个世界，哪怕只是一点点。

好吗？

但愿更多的人能懂得花儿。

我们都没忘记过初心。

目录
contents

- 003　　让梦想照进现实
- 004　　"中产"来了，花店"变"了
- 006　　不忘初心　方得始终

花 × 工作室

- 012　　一朵 在大山里盖了间玻璃房的 90 后植物艺术家
- 022　　几束花 Florette 探索传说中北京最隐蔽的花店
- 028　　桑工作室 用花植设计治愈了时光，用努力照亮梦想
- 036　　初二花房 一切都是刚刚好
- 042　　爱丽丝．花 花园小筑 兔子洞里的疯癫好姑娘
- 056　　HeartBeat Florist 自由做人，自然做花

花 × 花店

- 064　　花间小筑 他爱她，她爱花，那就开家花店吧！
- 072　　花治 这对广告夫妻，大概是做花里面最会搞艺术的
- 080　　不遠 ColorfulRoad 不远的诗和远方
- 090　　不遠 ColorfulRoad の 二丫
- 092　　派花侠 距离百年老店，还差九十六年
- 098　　派花侠の 火星
- 100　　不是花院 旧的日常
- 104　　Queen Wait Queen Wait 上海的生活空间
- 112　　光合实验室 最先占领了都市时尚圈的花店品牌

花 × 美食

- 122　**花厨**　写字楼的美食 & 鲜花让每天更值得期待
- 132　**北平咖啡**　因为依赖上一种笑容，所以爱上了一个地方
- 144　**彩咖啡**　不喜欢人来人往的花房咖啡馆

花 × 摄影

- 152　**树里工作室 Sulywork**　你来找我拍照我来给你做花
- 162　**Phlower Studio**　说她是网红的人，都不明白她的花她的摄影她的咖啡先生都是实力派

花 × 沙龙

- 170　**仙女花店**　南京最有名的花店 & 花艺培训，原来是个媒体人的"好内容"
- 178　**R SOCIETY 玫瑰学会**　别人不懂我的鬼马背后的专注，只有你陪我从小到老
- 188　**一朵小院**　跟生活相关的事情都在她的课堂
- 196　**One Day**　左手商业右手情怀的花艺品牌

花 × 品牌

- 206　**MENG FLORA**　最善"变"的花艺品牌，在花艺圈里做了最有心的事

- 215　**特别感谢**

一朵在大山里的工作室

花 × 工作室

PART 1
Flower studio

一朵 在大山里盖了间玻璃房的90后植物艺术家

几束花 Florette 探索传说中北京最隐蔽的花店

桑工作室 用花植设计治愈了时光，用努力照亮梦想

初二花房 一切都是刚刚好

爱丽丝．花 花园小筑 兔子洞里的疯癫好姑娘

HeartBeat Florist 自由做人，自然做花

在大山里盖了间玻璃房的90后植物艺术家

文字 函忆
图片 一朵（福建·漳州·诏安）

一朵 Adore 植物手作创始人：茹萍

90后的茹萍结束了在中央美术学院艺术史专业的大学生涯，放弃了别人奋斗若干年才能得到的理想状态，将自己对艺术的理解在植物领域发挥淋漓。结婚后不久，茹萍和她的老公黑土在2016年做了一件疯狂的事，他们在黑土从小长大的镇子诏安平地而起建了一栋300平方米的房子，在森林有了自己的「植物园」。

一朵工作室里的干燥植物装饰画

"一块去植物园"手绘系列是一朵工作室的特色艺术

植物标本制作。清洗好植物,切掉多余的茎,不够完美的叶

一朵主理人：如萍

干燥植物装饰画

植物手作台

工作室最养眼的那面墙

绘画桌

很多人在自己人生的终极目标上会留下这样的标签：有一栋属于自己的房子，有爱自己的人，房里有大落地窗，每天有阳光照进来，不用面朝大海，有个院子种满花花草草就好。当所有人都一股脑地奔向大城市钢筋水泥的森林，为了未知的期许而拼尽所有青春和热情时，茹萍结束自己在中央美术学院四年的生活，一毕业就一刻不停地回到了家乡，做自己喜欢的事，还亲手建造了自己的森林。

人们常常会有种错觉，当你在大城市的马路上仰望天空的时候，会误以为这里的天空那么高，好像整个世界都是自己的。其实，那只是因为这里楼盖得比较高，世界也还不是你的。茹萍是个从小就凡事自己拿主意的人。而最难得的是，执着没有变成倔强，她放得出去，收得回来。在一切刚刚好的时候，她遵循自己内心的声音。当初学校免费的工作室、画廊诱人的邀请，都抵不过这个二十出头的小姑娘心里的坚持。

她说，陪家人很重要，做自己想做的事很重要，跟植物在一起很重要。虽然收入没有大城市多，但我们这儿的自来水比大城市的矿泉水还干净，突然觉得自己超富有，哈哈。茹萍说着说着自己就乐了。我说，一个90年的姑娘说话这么绝情好吗？她说大家都觉得她是汉子，只有一个人说她温柔，于是，她嫁给了他。

茹萍是个懂得感恩的姑娘。90后的她并没有抱怨妈妈对自己像男孩子一样放养，因为她懂得小时候父母分开的无可奈何，但总是乐观地面对一切人和事，并不是天生的勇气。对于她和自己老公的相遇，她也用了"我很幸运"来总结。

结婚后不久，茹萍和她的老公黑土在那年做了一件疯狂的事，他们在黑土从小长大的镇子诏安平地起建了一栋300平方米的房子，在森林有了自己的"植物园"。从请来挖土机清理杂草，到自己砌砖，还有茹萍山上砍来新鲜竹子做篱笆，再到室内她和老公亲手设计的吊顶、多功能墙板，从来没学过木匠的两个人硬是把室内的家具全部搞定⋯⋯

"当时我们对于回到小镇的想法是一拍即合的，"茹萍说道，"不仅仅是因为这里是我们的根，还因为我们对人生的期待是相近的。我和黑土都喜欢安静的环境，也向往田园生活。"

工作室完工，茹萍终于可以任性地填满植物。

工作台的墙壁上，挂着的都是茹萍原创的植物作品。阳光抛洒进来，印在纸上的花草都活了起来。茹萍还有一间专门用来制作干燥花的花房，植物经过她的处理，可以保存2~3年。当然，茹萍仗着"大山是我家"，经常乐

植物手作台

玉米做成蔷薇、黄金球、雏菊等各种花

植物抽象画

一朵工作室的设计：森林盒子

植物与手作：白陶项链坠

玉米做的菊花

此不疲地到山里把散落的植物捡回家，经她之手，成了精致的艺术品。茹萍的工作室卖的手作套装"森林盒子"也是这样研究出来的。

茹萍也喜欢复古的东西，茹萍在厦门的一个旧物展览中，转不动的旧电扇，踩不动的缝纫机，还有别人扔在家门口的酒坛子，都成了这里的贵客。偶尔傍晚的光洒在这些带着锈迹的物件上，好像在讲述着我们都没经历过的故事。

"人天生对复古的东西都有特殊的好感，因为那代表回忆，代表经历。尤其喜欢时间给物体留下的痕迹。"

"斑驳状、低饱和度色调、沧桑感都是我无法抵抗的东西。或许时间无法带走的才是最本质的。"

也大概因为以上种种，茹萍不太喜欢把自己跟商业的世界扯在一起。她说，她认为人一辈子有一种平衡定律，感情、健康、金钱构成人生。但你不可能全部拥有，如果要少一样，那她宁愿是第三个。可能是因为这样，茹萍不怎么"出山"，不过，小姑娘对艺术和植物的执着也让她频频受到外界的关注。在全国各地的展览和设计论坛上，越来越多的人也认识了这位对自己执着，对植物执着的姑娘。

虞美人：植物与画作相映成景

有植物手作实验室一间
藏于岭南某山
有理想主义植物迷一枚
居于其中

日夜与植相伴
不时手作成物

愿你同我一样
每天与植物不期而遇

—— 一朵

 VISIT ▶ 一朵　📍 福建省漳州诏安桥东镇龟山自然村
📞 18250890095　🅦 @ 茹茹萍 adore

FLORETTE
几束花

探索传说中北京最隐蔽的花店

文字 函忆
图片 几束花 Florette（北京）

爆改 Loft 什么的这种话题大家都习以为常，见到 Isabelle 之前我也这么觉得。不过听到她为了有个花园，一大早就要收5斤的蚯蚓之类的事情后，突然觉得改 loft 不算什么。改成一个有花园的花房真的不是件容易的事儿。况且，建筑出身的 Isabelle 在筹备「几束花 Florette」的时候，每个细节充分发挥了设计师的天分与傲娇。她曾经在新西兰的童年经历，滋养出现在的人生，一种让所有爱生活的人都可以参与的人生。

几束花，在京城出现时间不长，却有一个特别的形容：北京最隐蔽的一家花店。主理人Isabelle告诉我，当时找到这个地方，就是她和先生跟让人失望的租赁中介说再见之后，自己散步溜达时偶然遇见的。就像一开始她也没打算一定要开家花店，只是想继续像曾经生活在新西兰的时候一样，随便一个路口的转角就能遇到鲜花，像买菜一样把花带回家，带进每个人的生活里。

Isabelle和她的先生Tim都是建筑设计师出身，她来自中国台湾，先生来自香港，他们曾经生活在新西兰。2008年奥运会前后，中国的建筑行业发展迅速，Isabelle跟先生一起回到中国，开始了熟悉又有点陌生的生活。

他们有很多优秀的建筑设计和室内设计的作品，比如北京有名的瑜伽馆，和一些时常会在设计类媒体上看到的中小型的商业空间。然而，"生活是一种绵延不绝的渴望"，即使做设计可以拿到月薪10万+的收入，生活还是要多点调味。不然当初放弃"好山好水"的新西兰生活来到北京的意义又是什么呢？

传说中最难找的花店并没有想象中的不食人间烟火，反而让人有种豁然开朗的喜悦。还没走到几束花的门口，远远就能看到一座红砖和玻璃框架结构组合而成的房子，门口种满了花花草草，房间内往来从容悠闲，还没进门就不禁羡慕起店主半入世半隐匿的生活。这次拜访，代大家探访下这间"隐蔽"的花房。

这天是周末，也是几束花一周中唯一对外迎客的两天。Isabelle刚刚结束了一场小型沙龙，一身素色的休闲装束，发丝均匀地挽在身后，迎面走来微笑地跟我打招呼。

这间100平方米左右的复式建筑，进门右手边是花艺师的工作空间，既能第一时间看到客人进门，也为花艺师学习工作创造了半封闭的个人空间。左手边是一张木质长桌，每天从线上接到的订单会在这里进行制作，同时也是周末做活动和沙龙的案子。长条桌的尽头是工作室的厨房&咖啡Bar，咖啡师是一位将青春热情融注在每一杯咖啡里的年轻小伙儿。旁边坐着的，是几位来玩花和谈天说地的常客。抬头向右上方看，半层的阁楼空间是Isabelle与先生的工作室。周一到周五不对外的时候，他们会在这里做设计，还有与花店品牌相关的创意工作。

我与Isabelle坐在玻璃花材库房的旁边，开始细数几束花一路走来的点滴。

初来北京的时候，Isabelle说她发现想买花的时候却不知道哪里可以买到。在新西兰每周四周五下班时，都会在路边杂货店抓一把花回去自己插。每天都会变换花的朝向和样子，剪枝、插花、换水，已经成为生活里每天必做的事。但是，来到北京后Isabelle却发现，那个时候能买花的地方真的很少，而且总是玫瑰、百合、满天星的老三样。"我很不喜欢没有选择的感觉，我想如果我有需求，应该会有很多人跟我一样。"

聊到这儿，我的咖啡上来了。真是一位细心精致的咖啡师。伴着拿铁的奶香，我们继续聊着。

2013年底，这个完全由Isabelle与她先生一起设计的老厂房改造的花店工程开始动工。在不改变原有建筑本身的基础上，他们打通了前后门，中间开窗增加采光，规划出花艺与设计工作室的区域，同时把前后院变成花园。

虽然这里是一个室内空间，但Isabelle想要创造的空间概念是：一个可以走到外面的环境。从几束花的前门走进来，可以隐约看到后花园，连厕所的玻璃都是对外可见对内不可见的。后花园看起来比室内的空间还要大一些，让人有种想回到小时候在上面打滚的冲动。经常也会有一些媒体或者明星借用这里拍摄，Isabelle没什么要求，就是不要太吵就好。

门前的花园种的是月季花，在北京比较容易生长的品种。说到花园，好像是很多花艺师寻寻觅觅的事，Isabelle说其实她本人也不会种花，都是自己一点点学习。当初在网上买了5斤的蚯蚓来帮忙松土，一大早快递到了谁都没有勇气去欢迎这些客人。原来，想要有花园也不是什么难事，找好了地方，选好了花，对付了蚯蚓就可以了。

说到经营这个对于花艺师有点残酷又现实的问题，Isabelle也坦言这确实是件矛盾的事。怀着一颗满载情怀的心去谈钱，总觉得哪里不对。几束花成立之初，就是抱着能做一种"让大家生活中有花"的热情去做的。Isabelle也欣慰地说，现在看来一切距离他们当初的目标没有差太多。去年，几束花已经开始盈利的时候，Isabelle依旧不浮不躁按照自己的步骤，做自己喜欢的事，让这家小店的精神慢慢氤氲。

Isabelle曾在一次接受采访时被问到几束花与平常的花店有什么不同。她的回答是，这里就是"平常的花店"啊。现在这个时代，无论在什么行业都极力渴望制造噱头、爆点、话题，和盲目的填塞多元素概念。"我们只想着专注做一件事：宣导鲜花可以带给生活的种种美好和灵感，尽我们全力继续完善产品、包装、网站等所有的细节，和借由有着前后花园的花店为载体，提高来访朋友们的体验。"

几束花每个季度都会有一些花艺活动和沙龙课程，不局限在做花本身，更多的是交流和分享。曾经有一次母亲节的活动，几束花在玻璃门厅用垂挂的花艺设计布景，邀请母女一起来拍照做纪念。大半天接待了上百位家人一同来拍合影。Isabelle说，妈妈们都喜欢拍照，她自己的婆婆但凡何时何地遇到了鲜花，都要拍照留念。年轻的我们有时候为了赶时间会觉得麻烦，其实再重要的事，又怎能比得过母亲们渐渐逝去的年华呢？

目前，几束花的业务主要分为零售和花艺活动两部分，比重分别各占一半。起初让我比较不解的事情是，经常有一些明星艺人和他们

玻璃花材库房秀

整理花材是每天必做的工作

几束花改造后的红砖玻璃屋工作室

KINFOLK 中国首次沙龙活动选择在几束花举办

FLORETTE Living Room 沙龙课程现场

几束花工作室的咖啡Bar

的朋友从几束花的店里订花，也有很多媒体采访Isabelle。但是我们却很少看到几束花关于这些内容在各类媒体上曝光。

世界上开花店的有两种人，一种是看准了市场伺机下海捞上一把，另一种就是像几束花的老板Isabelle，把花养成了生活。前者想要在这个行业中长远地走下去，必定要成为后者。生活需要经营，品牌需要慢慢滋养。创业者们的浮躁，经得起静下心享受细水长流的点滴幸福。

将喜爱的事业变成浓酒，不经三番五次的提炼，怎能得来那一饮下肚的可口。

送我出门的时候，Isabelle跟我提到特别要感谢几束花隔壁的这家工作室。有一次Kinfolk杂志来几束花举办中国版的第一次的聚会。因为Isabelle本人是这本杂志的忠实粉丝，自然要认真对待第一次合作。早在活动开始的前几天，几束花的全体员工开始集体打理院子，被隔壁的工作室注意到，邻居就主动组织员工一起出来打扫自己的院子。为了几束花的活动呈现最好的效果，在开始的时候隔壁邻居还特意为了统一院子的调调，在自己院子里种了跟几束花前院一样的花儿。

原来，一件事情的意义也许在于当你还未发觉它的时候就已经开始影响到了周围的人。

VISIT 几束花 Florette   北京市朝阳区百子湾桥东石门村路五号院内，大烟囱西侧
4008 FLOWER(356937)   www.florette.com.cn   @FLORETTE- 几束花

用花植设计治愈了时光，
用努力照亮梦想

文　字　函忆
图　片　桑工作室 Sang Design Studio（广西·柳州）

桑工作室 Sang Design Studio 创始人：阿桑

鲜花治愈了她，她用鲜花设计去还原自然。广西柳州，一个世外桃源般的地方，有一位极富魅力与创造力的"超能阿桑"。工作室、花店、花园……梦想有多明亮，阿桑就有多努力。任何一间花店，都有值得拥有的地方，还有获得另一种生命的可能。

开花店的人，但凡有点儿情怀，都逃不过两种情况，一是拥有梦想，二是被鲜花治愈。阿桑，完全满足了这两点。

坐落于广西柳州的桑工作室，是这个城市难得一见的世外桃源。创始人阿桑本人，也是一个在花艺设计、园艺设计，甚至建筑设计和规划领域都独具创意且具有个人魅力的人。短短几年的时间，阿桑成功运营着两家实体花店，一家园艺店和一间花艺教室。很多认识阿桑的人，都会被她乐观的性格所打动，觉得成功在她的身上就是理所应当的事儿。而这种成功背后，更多的，是不被人们得知的故事，鲜花对于阿桑来说同样也是一种治愈，一种唯一的治愈。

在阿桑某个关于"梦想"的采访中，她这样说到："我的梦想是，有一天遇到一个建筑

柳州工作室外的美丽花园

阿桑的工作室摆满了一面墙的器皿

阿桑的工作室一角

广西南宁阿桑的花店里怒放的鲜花

阿桑在广西南宁的花店，满屋子的鲜花

设计师，我们相爱，并一起设计一个像安腾忠雄设计风格的建筑空间，有光、有花、有风、有生命。风从空间体内穿堂而过，把阳光吹斜，再吹向空间外的花丛，人躺在花丛里，花拂过脸庞，让人误以为那就是全世界，或者可以放弃全世界。"

这大概也是阿桑从事花艺事业的初衷

2015年从南宁的一个商业空间展览开始，阿桑让城市里所有人都震惊了，广西这样的地方怎么会有这么独特的设计和展览？阿桑的回答很简单，"因为我没做过，很好玩，我愿意去尝试。"于是，无论是之后的花艺课程，还是花园的规划设计，或是让她获得"1亿桑"这个绰号的上亿元的社区规划项目，都源于她口中"我愿意"的这个初衷。

接触鲜花前，阿桑曾经和抑郁症抗争了很长一段时间。在上海，一次偶然的机会看到的某个花艺表演，就此改变了她的生活轨迹。当时，阿桑很震惊，她说她没想到鲜花的生命力给她带来了从未有过的温暖感和归属感，从那一刻起，她知道这才是她此生要为之奋斗的事业。

起步很难，之后的每一次却都惊为天人

刚开始做沙龙课程时，一个月两三次，一次8~10人，阿桑专门为了这件事请了一位摄影师，用当地能买到的最好的花材。赚钱吗？其实并没有。但是，如果什么事情遇到"钱"这个困难就放弃了，那就没有什么美好的事情了。

阿桑的理念是：无论做什么，都要对得起自己的设计，对得起自己"美的库存"，这并不是用钱可以衡量的。"吃亏是福"，因为沙龙课，随后，商业设计项目等一系列合作随之而来。任何事情对于她来说都是新鲜的、充满挑战的，她愿意做好就一定会为之努力。

在南宁的某个商展项目中，阿桑只身带着两位助手，她们三人完成了全部的设计。只用了两小时就初见成效，现场的工作人员从刚开始催命官的状态，到后来拉着所有工作人员一起撸起袖子上阵，这种转变是从最初的"不相信"，到被花植设计震撼到的"信"。阿桑总是可以在某个瞬间，用自己的设计直戳人心。

总有人问阿桑说，你到底是干什么的？因为，她做的事情实在太多了。阿桑在朋友圈里讲过一句话，有些事，想着想着就做成了，那么这件事是想成的还是做成的呢？最后的结论是，真的喜欢之后成的。从2014年阿桑就开始看BBC关于花园的纪录片，当她真的拿到花园设计这样的机会时，自然是雀跃接受并自信有能力做好它。阿桑有一个神奇的理念，

自然风格花艺是阿桑最擅长的

用鲜花、植物作为语言与不同的艺术形态相结合，表现出一个让人开心的空间设计就足够了。

在阿桑为某幼儿园做的花园设计中，一百多平方米的地方阿桑做了一个岩石花园。当时所有人都觉得阿桑一定是疯了，居然在这样炎热多雨的气候环境下露天种植大量外来植物，而且，当时的情况是暴雨烈日轮番上阵，毫不停歇。结果，一百多株植物最后只死掉了3株。客户起初很疑惑地问阿桑，如果都死了怎么办？阿桑说，死了说明它们不适合，活着就说明我们要信任植物的生命力。物竞天择，适者生存，阿桑信这个，也信经过她亲手筛选过的植物的生命力。

阿桑现在的工作室，是她用了40天的时间，由200平方米的水泥房变成的，外加一个花园。阿桑可以这么迅速地去完成一个空间设计，她自己总结了主要有四点：1概念；2空间；3搭配；4团队经验。说起团队，在很长一段时间，工作室所有的事情只有阿桑和摄影师可可两个人。曾经因为事务太过繁忙，个人精力有限，阿桑几乎就要放弃一部分业务。当时，阿桑在花艺课程群里告诉大家，她可能暂时会停止现在的事情，因为太累了。谁知道，消息一发，立刻收到了数个回复，自告奋勇都要辞职来帮忙。一直以来，信任都如此幸运地降临在努力的阿桑身上。

对于观者来说，看到阿桑的设计，我们是幸运的；对于阿桑来说，可以一直从事花植这份事业，阿桑也是幸运的。在她从事花艺工作将近一年的时间后，抑郁的病症几乎没有再出现过，她心里很清楚，现在，一直处在工作往前走且没有太多治疗抑郁的有效手段下，鲜花是她触手可及的一扇窗，鲜花没再让她独自经历小黑屋，她感恩鲜花带来的美的存在。

关于梦想，阿桑还是一个内心充满幻想的姑娘。

Q：用一句话来概括你的梦想宣言？

A：嗨，我在努力向你走去，有时候会走不动，你要快一点来找我。

阿桑在柳州街头的木屋，既是景观设计，也是工作室的展示窗口

VISIT ▶ 桑工作室 Sang Design Studio
广西柳州市龙潭路大美天第 17 栋 1 单元
广西南宁市青秀区盛天地购物中心 B6 号楼 101-103 号
📞 18807729395　 @桑工作室

一切都是刚刚好

文　字　函忆
摄影师　雷敏
图　片　初二花房 True House（北京）

初二创始人：初二

对，采访之前我也没想到让我一直记忆颇深的是初二这个人和她的爱情。也可能是因为这个原因，再去看她的花，和她男朋友"雷"为她拍的照片，你会更明白里面每次光影的律动。初二花房 True House，集合了各种跟花与影相关的功能。平时这里是一间做花的房间，周末可能变成私人沙龙教室，同时，也会有艺人来花房拍照拍视频。人生有些事，没有发生你永远不能预见。

那天阳光正好，初二花房藏在一个你完全不会以为有花的工业园区里。踩在门前的石板路上，也踩在从树叶缝隙中落在地上的光斑。一棵银杏树的绿叶后，一位姑娘，一身素净的白白衣裳，齐耳的短发，轻巧的笑容，站在那儿跟我说"你好！"。

初二说，第一次来到这个地方是秋天，泛黄的落叶在脚边的安静，反而让自己有了几分归属感，好像在北京漂泊多年后，终于有个让自己可以一直待下去的地方了。

很多文人墨客、明星大腕都曾证实过梦想对于自己的重要。王小波让我们知道，没有梦想，我宁可不活。星爷也用他从扮演死尸到大明星的路上让我们知道没有梦想就是翻不了身的咸鱼。不过再小的梦想，不行动起来也永远是流着口水，打着酣时的痴人说梦。

起初，初二也没有太大梦想。只是，从小就跟姥姥一起生活在乡下的她，满眼看到的都是高山绿植，她以为生活本来就应该是这样简单又美好。父母的分开，看似好像没有给初二带来什么影响，用她的话说，反正自己本来也没有打算照别人指的路走下去。

18岁，她来到北京，住得不好，吃得不好，却活得很开心。那个时候，初二有一个闺

干枯的植物是初二花房拍照置景必不可少的元素

有动物有植物才让美好有了归宿

仙人掌和散尾葵营造出一个特别上镜的角落

初二花房给顾客做的手捧

初二私教课,有阳光、有鲜花、还有聊得来的朋友

蜜，她们一起对抗房东，一起素面朝天面对大城市的人来人往，直到后来初二有了男朋友。

对，初二遇到了他。

初二去学了花艺，又去学了拼布，现在很多顾客都会问初二你之前是不是学过设计，其实这些对美的感觉都是那几年学到东西勾起了她心底的灵气。后来，初二在一家花艺工作室打工，一年多以后，初二再次告别。这次告别，她也告别了前二十多年的自己。

她去很远的地方旅游，去思考接下来去做些什么。她变得不那么放肆地笑，变得开始认真思考未来。时间很残酷，但它却可以帮助我们冲淡能够冲淡的，也会洗尽铅华留下该留下的。

做什么也不能离自己喜欢的事太远。初二回到了北京，继续投入在花草的世界中。就在自己接到的第一场婚礼上，她认识了雷，一位摄影师，介绍人是婚礼的新娘。她说，觉得初二和雷很合适。

这种合适，是她说自己想开家店有个窝，他就放下手上的事情，一起把这个大城市中的院子变成有花的森林；这种合适，是她从此不是一个人去买花；这种合适，是她一边做花，一边作他镜头下的主角。

刚恋爱没多久，初二问雷，你向往的美好生活是什么样子？雷说，和喜欢的人做一件事情。这句话恰好也是初二的心愿。于是，初二偷偷找了院子，拿到钥匙后对雷说，以后这就是我们的小世界。于是，雷放下了手上的事情，和初二开始了另一种生活。很多时候，我们都害怕被读懂的那一刻。但是，当你被读懂时，才庆幸自己在刚刚好的时候放下了戒备。

初二说，她很少夸他。一对来花房上私教课的夫妻开玩笑说："你应该多表扬他，这样他就干得更有动力。"但是，他们不知道的是，学设计出身的雷经常通宵在工作室里，初二就一直在旁边默默地陪他。

雷说，他很欣赏她。他描述自己眼中的初二是这样的，温柔的外表下有颗富有张力的内心。看似柔弱的花，在她手里变得热情四溢，就像初二内心住着另一个随时准备嘶吼的小狮子。"她希望有家店，我们希望成为匠人。于是，就有了现在的初二。"

初二花房就像她的笑容一样简单舒服。除了一张当初从通州定制的大木桌子，几把椅子，一个工作台和一个沙发，剩下的就是白色的墙和"长"满整间屋子的植物。

五六十平方米的屋子，足以折腾得让人流连忘返。初二和雷跟园区搞装修的大爷关系不错，于是总是借着大爷的梯子，在屋内墙面和房顶布满了架子。雷指着房顶挂着的白色筐子问我，你知道这筐是干嘛用的吗？我看了看说，难道是自行车篓子？他说，是大妈们买菜用的篮子。我笑。

雷和初二从电脑里翻出了他们当年装修时

在郊区户外,雷拍摄的初二

记录的照片,每张几寸大的照片里都藏着两个年轻人的梦想与期待。我问初二,你有想过未来这里是什么样吗?初二说,说实话没怎么想过,我只是想赚点钱,我们可以买个更大的沙发,可以休息几天出去旅游,去看看没见过的世界,回来做自己最喜欢的事。

现在在花房,初二会给订花的客人做花,周末给三三两两朋友或情侣做花艺沙龙。更妙的是,很多人喜欢在这个像森林一样的地方留下定格的影像,花房也是摄影棚。初二负责置景,雷成了摄影师和美术指导。他帮她成就了梦想,她陪他向他们的未来靠得更近。

真正的爱情是欣赏,是改变,是在一起之后,你的梦想就是我的梦想,然后一起去努力,去拼搏,去享受,去拥有。爱情本身最迷人的地方不是爱了谁,而是去爱的过程,我们爱的是在爱情中自己的样子。做花的过程也如同于此,去掉的每片叶子,拿起每枝花,剥去了那些烦恼,沉浸在自己的芳香。

世界那么大,总有人陪你一起犯二。不用赚太多钱,不会有醒不来的梦,一切都是刚刚好的样子。这大概就是初二的True House吧。

初二花房雷的摄影作品

 VISIT ▶ 初二花房 📍 北京市朝阳区酒仙桥恒通商务园 B50D
📞 15711020731   🖂 @初二

兔子洞里的疯癫好姑娘

文字 向羽
图片 爱丽丝·花 花园小筑 Alice Rabbit.Hole Floral（青海·西宁）

在青藏高原上有一家花店，它带着与高原完全不同气质的自然系风格。据说这份清新的自然系风格早就翻山越岭传递到了不同的城市，很多人因此喜欢上它家的主人——呼佳佳

爱丽丝.花 花园小筑创始人：呼佳佳

是怎么知道呼佳佳的呢

有一年母亲节，"爱丽丝·花 花园小筑"店里出了一件对于花艺师来说的大事，本应提前到货的大批进口花，由于昆明机场的原因阴差阳错没有上飞机，眼看她的母亲节就要开天窗了。结果这位姑娘自己承担了一切并且妥善处理了这场危机。后来她写了一篇长文发在"爱丽丝"微博上，是在道歉、是在感慨、是在纪念，也是在宣泄，我在一个供货商的转发下，看到了她。

当看到结尾，才发现这家花店在西宁，真的是要惊掉了下巴，不仅仅是好看的花，还有这个姑娘身上的劲儿。

西宁坐高铁到兰州只要一个小时，高原、没花市、大风，很多人购置东西都还要跑到兰州来。

而她的作品，花材、层次、搭配、包装、VI、摄影、光线的运用、logo 的设计，每一处细节都让你觉得这怎么可能是西宁？

于是，傲娇的我，默默去微信找了那个倔强的她。

花店是呼佳佳和MichaelYong一起在运营的，MichaelYong是她在北京上大学时的学弟，后来两人都因为各种原因放弃了在北京的工作，回到了西宁，合作开了一家摄影工作室，再后来，顺理成章地由工作伙伴变成了生

爱丽丝.花 花园小筑工作室内随处可见干花装饰

爱丽丝和 MichaelYong

活合伙人。我问过MichaelYong，最初你追呼佳佳的时候什么吸引了你，他说：漂亮。这个答案有点出乎意料，我以为是日久生情之类的，结果就这么直男。呼佳佳傻兮兮地哈哈哈。

也许是那次香港的旅行，看到满花坛震撼的绣球花；也许是因为一束自己动手送给朋友的花大受好评，并开始被身边朋友请求制作花束……反正误打误撞的她就这样跳进了她的兔子洞，他们把摄影工作室改成了花艺工作室。2013年盛夏，那时候别说西宁，就是国内其他发达城市，开启订制业务的花店也是凤毛麟角。她说缘分自然来，爱丽丝也是她在北京做时尚编辑时的英文名字，稀里糊涂用了起来，找好友手绘Logo……一切就开始了。

2015年，我们两个性格相投的人迅速就成了好朋友，并且开始频繁地在兰州西宁两地往返，找一切可以一起玩的机会。呼佳佳的拍照和设计想法都非常棒，所以我被她刺激着换了新的相机摸索更好的拍摄，找设计师重新做VI识别系统，把细节上的一切做提升，想要与她做一个事业上对等的朋友。每一次的聊天都会有小收获，呼佳佳说我俩这是相爱相杀，慢慢地我们互相感染，所以，所谓同行是冤家，换个角度来看，同行也是映射自己的最佳镜子，不照镜子，就不会知道我们自己真实的样子。

呼佳佳和MichaelYong都是典型的金牛座，花最少的钱办最漂亮的事是他俩最擅长的地方，她家和工作室的装修极其有味道。2013年的时候她毅然而然地选择了不那么市中心的地方，找一个毛坯房，装修成她心仪的样子，她的细节强迫症发作起来真的我也是醉了，美式乡村感的工作室，阳光洒进来，一杯咖啡，这不是一个画面，而是她想要的状态，绝不辜负任何美丽。

她家是那种一进门就想脱了鞋窝在沙发上看韩剧吃薯片的环境，简单的北欧混搭风格，至少是我近几年周边朋友中绝对没有看到过的好设计，两间卧室合并成一间，完全忽略未来宝宝的想法，倒是把她家狗的窝安顿得很好，她就是这样，享受当下的一切，大大的床和大大的衣帽间，一扇从地面到屋顶的白色谷仓门，硬是逼着木工把工业风变成了她想要的北

爱丽丝.花 花园小筑工作室

爱丽丝.花 花园小筑工作室,美式乡村感,阳光洒进来,一杯咖啡,几束花

欧线条，红色的绒布沙发，没有电视，安装了投影仪，好随时让他俩窝在沙发看电影，据说所有朋友都把她家当作聚会的根据地，更何况MichaelYong还是个好厨子，每次我去都会有丰盛的美食，很满足。

他们有很多很多照片，摆满了家中的各个角落，去她家做客的小伙伴都被他们的幸福感染，每次都说在呼佳佳的家，待久了想结婚，呼佳佳真的是个太情怀的兔子，家里会有专门的册子放所有他俩看过的电影票票根，会很好地收集他们一起去旅游的机票，还有我们根本都不知道丢去哪里的拍立得照片，对于她这些都是纪念。

呼佳佳喜欢收集世界各地的古董小物件，经常能在工作室和家里看到台面上摆放的各种小物，一枚古董戒指，一件银质托盘，那么大一个旧皮箱可以从北京自己背回来，而且每一样都有小而美好的故事，更神奇的是你会觉得为什么这些东西会和她融合得那么好，是因为她眼光好么？还是她爱生活？

这次《瑞丽家居》杂志也邀请他们对自己的家进行了拍摄，进行了他们的采访，若你们看到这篇文章的时候，那本杂志应该早已经上市。所以，如果呼佳佳不做花，做设计，做软装，做家居，做任何与美学相关的东西，都会在泛泛中一眼被识别，小细节无一落掉，这些点滴的小美好，也在成就她心里的大愿望，老了她只想呆在一个安静的地方，MichaelYong继续给她做咖啡，她依旧有花陪伴，他们身边依旧有狗跳跃。

北京、西宁、西安——不了的情缘之地

呼佳佳和MichaelYong对北京都有深深的情感。

我并不是完全了解他们曾经的故事，但是那些年在北京的孤独、奋斗、奔波，以及最后不得已的离开，那些更细致的感情，发生的故事，擦肩而过的人，应该在他们的心里都各留着一间小房子。把那些放不下的都锁了起来，偶尔简单提起，再猛然地转移话题，说："哎呀，现在生活也很棒啊！"

去年和他们在北京做北京国际设计周的日子，她一通电话，就有挚友去机场接机然后留一辆车给他们用，在这个吝啬的社会这样的好友真的不多了。他们带着我在偌大的城市里穿梭，胡同里进进出出，了如指掌，每经过一条街，都要告诉我在这里她曾经发生过什么。八年时光，这个城市的角角落落都是回忆，半夜会带我去吃"麻小"，一大早会带我去吃豆汁儿，MichaelYong到现在为止每年都要养虫儿，总之每年回北京是必须的。我们在咖啡厅休息，她带着风走过，那片刻的画面，让我不禁对她说，你怎么在北京就那么起范儿！其实那是种在大城市打拼过的匆匆，是我没有办法体会的，只觉得一切都那么贴合，呼佳佳在对我讲述那些曾经的时候看不出忧伤，可在一

MichaelYong

呼佳佳

切结束之后，我返回兰州，他们任性的没有回西宁开门做生意，依然留在北京多待了一周，是留恋、是感慨、还是深深的想念，呼佳佳经常说所有的发生都不后悔，回头满满的故事就足矣。

西宁地域的限制，让在高原做花店的他们经历着比其他城市更辛苦的工作流程，耗费更多的时间和精力，每一支花都坐着飞机来。起初他俩没有车，就找各种朋友帮忙去机场取，后来每一次到货都要MichaelYong开着车去机场提货，倘若航班延误，他们就只能空坐在工作室，束手无策。一年冬天大雪，公交车寥寥无几，出租车几乎不见，大家都怕出事，黑车猖狂到起价就是30元，为了爱丽丝品牌，没办法只能赔钱送花，只为了信誉。到现在我们都是找各种快捷的送货服务来送花，西宁慢慢也有了这种服务，但合作后发现时效性根本达不到她的要求，所以至今爱丽丝的花几乎都还是MichaelYong在开车自己送。为了保证鲜花最好的状态，为了这份情感消费可以让客户开心。

诸如此类，种种种种，太多了……

于是我不止一次听呼佳佳对我发牢骚，关于西宁的一切，每一次牢骚之后，都是她更努力的投入，即使现实环境有众多的阻碍，她皱着眉头嘟着嘴，可心里还是使着一股劲儿，想要把事情做到最漂亮，就像我第一次发现爱丽丝，发现在西宁，赞叹与惊讶，那个特别有毅力的她。

时光蹉跎，所有的所有她都坚韧地坚持着，关于品质的一切绝对不妥协，对于爱丽丝的品质是她最在意的，不可能让每一位客户满意，也会有刁钻找事的客户存在，但是每一次送完花她都会问MichaelYong客户收到花后是什么反应，如果有不好的，她下次会改进。她啊，真的就是太感性了！她的词典里面小美好、阳光、咖啡、快乐才是重点，她把一切这些看似简单的词语都注入到了她的工作和生活。在西宁她在践行很多很好的想法，哪怕这是个给她各种困难的小城市，她想把她的情怀和美好贯穿到每一个角落，让她的生活周遭，她的朋友、家人都被她的小美好所感染。

呼佳佳会把沙龙叫做茶"花"会，她想让来的客户都能轻松享受美好，她做的茶"花"会真的是最认真的，她说她只想让更多的西宁人知道，美好的这一切都可以在他们身边发生，没有那么遥远，她希望真正和她一起沟通过的客户都是有感受到爱丽丝的小美好。爱丽丝就是这样一步步感染身边人，每一位客户，三年的时间，西宁的市场已经不单单仅有普通的百合、常见的康乃馨，已经不是原来的单调，坚持着，一直在努力坚持……做更好的爱丽丝。

今年，爱丽丝西安的分店就要开启了。

很多人喜欢爱丽丝的小清新，想来学习，可是一听在西宁，都打了退堂鼓。偏远、气候不适、机票贵、饮食不习惯等等。

诸多原因或多或少地带着一丝丝阻碍，提

爱丽丝的家,每一处都透着女主人的好品位

爱丽丝北欧风格的家

爱丽丝.花 花园小筑创始人：呼佳佳

起旅行，这座城市就带着那么大的吸引力，提起花艺，西宁忽然就变成了天边，用她的话说就是已经被"偏远地区"这四个字折磨得要死要活。

呼佳佳思来想去，决定选择一座城市，再做一家店，一个全新风格的兔子洞，她有她一定要表达的东西，这个未来的兔子洞我是充满了期待。

在一家店正常运营，另一家店的筹备工作忙成狗的空隙里，她还接下了闺蜜的童装店的装修任务，异地操作让这件事变得更不容易，出设计稿，设计VI，遥控指挥，天南海北搜索软装材料，一个半月，她的工作没有停歇，闺蜜的店面也完美得像是一家首尔林荫道上的精致小店，她发图给我看，说快夸我，是不是更爱我了！她啊，真的太操心了！

嗯，她仗义，惜人，两肋插刀，像个侠客，风风火火不知疲倦。

看她的花儿，你以为她是安安静静的美少女，实际和她交往后，你可能会想退货。

哈哈哈哈哈哈。

如果说我是一个不拘小节的人，那呼佳佳一定就是那个鸡蛋里挑骨头的人，她对自己的一切，带着一种严苛的审视，所有事关美的这件大事，她总会逼死自己，死而后已。

她的发型，她的服装，她的身边小物。

她的家具，她的装修，她的拍摄画面。

她的一切作品。

她习惯操心，习惯亲力亲为，习惯不计成本地去做自己认为美好的事情，习惯检查一切。

我说你这样会累死自己，她苦恼说我没办法，我忍不住，实质上她享受最后的收获，收获她的各种想法，脑子里面的想法一点一点变成现实，这些应该都是大于时间大于金钱的。

在和呼佳佳认识的一年半中，我们拿对方当镜子，彼此映射，彼此检阅，彼此修正，我们做着同样的事情，却从不一致，我爱古朴复古，她偏日韩少女，我们在精神上鼓励对方，哭泣的时候寻求对方，却从不模仿，不盲从。

要问我从花这件事中得到了什么。

除了精神追求，还有呼佳佳。

嗯，这个疯子般的可爱女人，这个扎进兔子洞的Alice。

VISIT ▶ 爱丽丝.花 花园小筑 📍青海省西宁市城西区西川南路50号金座晟锦A区

📍陕西省西安市曲江新区曲江池西路金地湖城大境四号地21号楼702室

  📞西宁店\17809780707；西安店\15891303775　　　@爱丽丝－花－花园小筑官方微博

自由做人,自然做花

文　字　H
摄影师　苏打波波 \Hans\HeartBeat Florist
图　片　HeartBeat Florist(广东·广州)

HeartBeat Florist 的创始人:Ivy Lin

记得去年某天和英国花艺大师 Robbie Honey 聊天,我问他,看完"花视觉"《花开·一束》和《撷把花草来饰家》的感受时,他说他记住了两位中国新锐花艺师的名字,其中一位就是 Ivy Lin。

最早将 Ivy 与植物的缘分牵引起来的,是热爱植物的外公。外公有一片园子,果树、鲜花种满了园子。小时候随外公生活的 Ivy,很早就对植物深深地依恋。Ivy 说她现在喜欢自然风格花艺,和小时候的这段经历也有关系。她迷恋并崇尚野外植物的生机,野花、野草、野叶子,它们是真实自然的缩影,细碎、轻柔、微小,甚至脆弱,那是在自然中抗争、妥协、适存的方式下遗生出来的独特美态。她有一个返璞归真的梦想,就是将花艺工作室置于山野里,那里该有一片田地,栽种花材与植物,插花的原材料都到地里去采,最直接地感受植物。

花艺已经成为与 Ivy 共生的事情,她想象不到花艺缺席了的生活。她对植物生命的理解之所以深刻深切,因为主攻西方花艺的她,也在一并研习着日本的池坊花道,让她插花进入到了一种忘我的状态,摒弃纷繁杂念,每个作品

Ivy 的花艺作品

Ivy 的自然风格作品

氣象萬千，春的榮，
純粹而不單薄，這

插起的過程中，與
形的方式，并不祇由
物，它的長勢，它的
的過程中照見的，是
卻形相遠的另一個

2016年，HeartBeat自主发起的首个花艺展——"照见"池坊师徒展

Ivy 的自然风格插花

的形态都不是由她决定,而是每一支花草告诉她的,它的朝向,它的表情。而在英国游学的经历,让她懂得运用花园人工培育的灿烂花材,因为植物的灵魂并不因它的处境而被泯灭,野外的植物与花园培植的生灵也可以相拥抱,也可以相爱。

和Ivy聊天,感觉她没有特别大的野心,比如一定要做到多大规模,或者是要成为一名多么出名的花艺师。她的一切都是自自然然的,就像她做的花一样。她也从来没有考虑过合伙,一直在自家小院做花,她一直相信,每位花艺师的风格不同,定位不同,最终大家都会有自己的天地,只要够努力就会被看见与肯定。

Ivy以前服务过的一位新娘说,风格Ivy决定,颜色Ivy说了算,不问价格,还亲自接送Ivy去酒店。花艺师能收获这样的尊重与信任,真的值得赞扬。陪伴多年的顾客会告诉Ivy不要太累,注意休息……在实现梦想的同时,Ivy收获了一堆朋友,这也是让她开心的事情。

做花前,Ivy在外企里当会计。体面的工作,不错的薪水,但内心却是空乏而压抑的,她害怕一辈子就在这种规律里无限循环。

2012年7月,参加了一期为期七天的花艺课程,一下子让她苍老麻木的灵魂再度焕发生机,一发不可收拾,她说这也是Hearbeat 名字的缘起,花艺让她有了怦然心动的感觉,她见到了生活的另一种可能,她决定跳出"舒适圈",开始和以前完全不

南方航空杂志封面用了 Ivy 的设计

HeartBeat Florist 的团队

HeartBeat Florist 玻璃花房内摆满了整面墙的器皿

HeartBeat Florist 用干花装饰工作室

一样的生活。2013年3月，Ivy找到了广州市中心的一处老洋房作为工作室。这栋房子充满西洋老调，静谧闲适，一看就是经历过漫长的岁月洗礼，有故事的老房子。Ivy和它一见如故，到今年已经一起共度了四年，老洋房成了Ivy忠实的依靠，装载了Ivy耕耘HeartBeat花艺品牌的丝丝点点，微末细节，她的初始梦想渐渐地在这里生根发芽。这里是隐秘的后花园，更是Ivy内心的后花园。在这里做花，她能达到难以言喻的宁静境界，一旦投入便忘却所有，能够任性地去做自己喜欢的事情，每一天都是快乐的，这种快乐，Ivy也会传递给每一位顾客。不相识的人们，通过花草被连接，很美好。

现在的老洋房，小院已经被改建成白色玻璃房，明亮通透，周边围着千姿百态的盆栽植物，生机盎然，耕作HeartBeat也不再只是Ivy一人。每天，几位姑娘，忙里忙外，互相协作、问候、玩笑、相爱的画面，甜而不腻。偶尔有小猫来，瘫在玻璃房顶上，欢迎大家参观它的大肚墩儿。

小院就这样安静又一天天地变化着。2016年，HeartBeat自主发起了首个展览——"照见"池坊师徒展……对于将来，Ivy说她更期待HeartBeat能影响更多人喜爱花草，这是她最大的梦想。

VISIT ▶ HeartBeat Florist ♀ 广东省广州市越秀区启明一马路3号后座
☎ 13724181259   @ HeartBeatFlorist

光合实验室位于 IFS 的店

PART 2

花 × 花店

Flower Shop

花间小筑 他爱她，她爱花，那就开家花店吧！

花治 这对广告 CP，大概是做花里面最会搞艺术的

不远 ColorfulRoad 不远的诗和远方

不远 ColorfulRoad の二丫

派花侠 距离百年老店，还差九十六年

派花侠の火星

不是花院 旧的日常

Queen Wait Queen Wait 上海的 Lite Space

光合实验室 最先占领了都市时尚圈的花店品牌

花間小築
一年無事為花忙

他爱她，她爱花，
那就开家花店吧！

文字　函忆
摄影师　三月记忆／西里兔子／花森匠／McBEE／燕子
图片　花间小筑（北京）

一件事坚持做20年是种什么样的感受？从"花间小筑"到"Miss花间"，亚红和虫爸两位主理人将他们对花儿的理解，凝聚在店里的零售产品中、沙龙课上、花草茶里，有些事情要慢慢用力，这样，每一步都会走得扎扎实实。

花间小筑创始人：亚红

每次路过北京798艺术区的北门，都能看到一栋二层的小楼。白天，露台上长满茂盛的植物，春夏秋冬景色各不相同；晚上，微小又明亮的霓虹灯，堆成"花间小筑""一年无事为花忙"两排字，温暖又幸福；傍晚，那个路口经常堵车，"花间小筑"的霓虹灯给了长长车流中的很多人一丝美好的遐想。

这个美好的地方，就是我们今天的主角。

经常有女孩走进花间小筑，都"哇！"一声，纷纷表示自己的梦想就是开一家像小筑那样的店，而自己就是那个美美的老板娘，拥有一个种满花草的小院子，两层精心布置的Loft，时而是花店，时而是设计工作室，时而是咖啡厅，但无论春暖花开还是严寒酷暑，屋子里都花香四溢，不时还有趣味相投的朋友们出入其间。

但小筑真不是一天建成的，亚红从事花艺的年头很长了，长到了上个世纪。从微软写字楼的花房姑娘开始，一步步地，开实体店，开连锁店，做独立花艺师，做自己的工作室……如同十月怀胎般不易。2010年才有了花间小筑。而坊间关于小筑的传说也很多，有很多人断定老板娘是"舶来品"，必须得游历过一遍西洋后才能做出那么有感觉的花。然而，真相是，小筑真的是一点一滴从梦想里蹦出来的。

这个梦想，也是一个爱情故事。

虫爸大学毕业后就来到了北京，在朝九晚五的写字楼里谋生存，用他的话说还做着传统的"修身、治家、平天下"的梦，直到他偶遇了她，发现还真有这么一个自由自在生活着的姑娘，他迷恋上了她。2010年，他因为工作原因要外派出国，二者只能选其一，他选择离职，留下来和她一起经营未来的生活。时间走到2016年，这是他们认识的第十个年头。他爱她，她爱花，如果有一天亚红鬓角斑白的时候，他希望自己依然是一直陪伴在她旁边的那个老头。

希望花间小筑是个手艺人的模板

各行各业都在拥抱商业，拥抱互联网。真的手艺人似乎生存都很费力气。然而，在行业内，小筑一直都是一个标杆，虽然，它并没有遵循很多人的期待和想象，变得更大更具规模。六年过去了，它还在798艺术区，似乎依然是几年前的模样。当然，花间小筑也曾经历过最困难的阶段，那是刚起步的时候，那个时期的798并不是一个适合开花店的地方，非传统意义的黄金地段，到798的几乎都是游客，这些游客并不是鲜花零售的消费者。那个时候也没有像现在这样如此提倡匠人的精神，但花间小筑却一直把花艺作为毕生事业去追寻。

有一个1万小时定律的说法：如果你在一个行业做满1万小时，那你一定会成为这个行业的专家。何况，亚红是真的爱花艺，虫爸说但凡小筑现在有一点点成功，对于亚红来说都是理所应得的回报。

亚红在798工作室内做花

亚红的笑是花间小筑最温暖的存在

坚持做自己的风格

花间小筑最大的转变,应该是业务内容从零售转向宴会设计。当初工作室的选址,变成了塞翁失马的脚本。当亚红开始宴会接单时,她独特的天赋,对花艺美感的把控,以及与其他花店的个性差异,在这件事情上全部爆发了出来。那时候大多数的花店,包括现在也是这样,还是以客户喜好为主,客户只要付钱,就满足他们的一切要求。亚红之所以能在很短的时间内吸引顾客,奠定自己的风格,是因为她非常坚信自己,也坚持做自己,她相信一定会遇上喜欢她风格的顾客。虫爸说,这是在花艺任何一个细分领域中,对花艺师来说十分重要的一点。

任何一位花艺师,如果在刚起步的时候就抱着客户要什么我就做什么的心态,必然要在"自成一派、独当一面"这条路上绕上很大一圈。也许在刚开始会有不错的人缘,但当一个花店或者花艺师无法被别人辨识和记忆的时候,那

花间小筑798工作室

花间小筑在北京798艺术区的二层小楼

亚红的插花无师自通、自成一派

Miss 花间在北京朝阳大悦城的店中做了一面苔藓墙

花间小筑新娘：Marie

只会沦落为鲜花的搬运工和包装机器了。

　　虫爸说，小筑的风格很早就被大家归于森系和自然风格。其实在他看来，花艺师是匠人，是手艺人，同时也是设计师，你的每一件作品都是自己内心的外化。如果说小筑的设计是自然风格，那么很多同属于自然风格的花艺师，他们做花的风格依旧各不相同。很多小筑的粉丝私信他们说，总是可以一眼认出小筑的作品，这让他和亚红都感到非常欣慰。

　　2016年，对于小筑来说是重要的一年。

从隐匿在艺术区的工作室，走向了商业空间、课程、婚礼、宴会、零售、空间设计。似乎越来越忙，但是，当一个人沉浸在自己所热爱的事业中时，这又何尝不是另一种安逸呢？

　　我们这次聊天的地方，是在花间小筑位于北京朝阳大悦城的店里，Miss花间，这是小筑除798外的第一家店。在这里，有更多的手作类课程，也让亚红开朗又温暖的性格再一次柔软了更多爱花的人，花间小筑的爱存在于北京的四季里，也存在于所有美好的期待中。

VISIT ▶ 花间小筑

📍 北京市朝阳区 798 艺术区 706 北三街 12 号 / 北京市朝阳区朝阳大悦城 5 层悦界 37 号

📞 花间小筑 010-57125458 / Miss 花间 Miss Floral 010-57173447　　🖳 @ 798 花间小筑

北京首家花艺主题跨界生活体验空间：Miss 花间

BOTANICAL LIFESTYLE
植物生活实验室

文字 函忆
图片 花治（北京）

这对广告夫妻，大概是做花里面最会搞艺术的

想了解花治，其实你根本不用到他们的店，只用看几条粉丝量最大的公众微信号上的视频就好了。创始人晓晨和他的爱人天天，不喜欢把一些浮夸的合作和明星标签放在公开的平台上硬生生对外推广。他们喜欢艺术，就让花治的艺术项目在北京的大街小巷遍地蔓延，跟全世界的艺术家合作，店里面售卖的商品在地球上你不会看见第二件。晓晨话说得不多，两家店，足够把他的经历安放在里面。

我猜，大概北京二环的胡同串子还有大爷大妈们，都经常可以看见一个喜欢戴着帽子，一身vintage阿美咔叽风格的男青年骑着电动车穿梭在树影斑驳的小路上。偶尔，身后会带着一个齐耳短发的姑娘。我估计，安定门内大街，是晓晨这一两年日均穿过最多的一条马路，谢家胡同和箭厂胡同是他和爱人天天的关键词。

我跟晓晨约在下午见面，不过他执意要约在第二家店。果然，这家店好像才还原了花治真正的气质。嗯，我猜晓晨是故意的。

花治在箭厂胡同的店，看起来好像并不是花店，所以大家都称这里是植物美学实验室，晓晨说他感觉更像是一个自然博物馆。因为他会把路边捡到各种有趣的东西收集起来，别人出国回来带的是包包鞋子，晓晨每次装满箱子的基本上都是可以抖下土的各种奇奇怪怪的东西。说着，晓晨拿起店里陈列的一个植物标本，跟说我："你看，我专门捡这种被虫子咬过的叶子。"

除了各种植物和昆虫的标本做成的装饰品以外，晓晨也会代理国外各种他认为符合花治调调的小东西和一些家居产品，比如精油、蜡烛、日本设计师设计的植物装饰品等等。当然，谢家胡同的店里，鲜花虽然是主打，不过不买花的朋友还可以带走几片用来扩香的蜡片，或者一桶花草茶。这些东西，有些是晓晨和天天乐此不疲在家琢磨出来的创意产品。虽然晓晨不管是做事还是说话都略显低调，但说到自己亲自做东西这件事，他一边用手比划一边说："我特别擅长做手工，所以我跟天天不是特别喜欢出去各种扎堆儿，有空的时候我们就在家自己研究一些新东西。"我想，晓晨描述的这个片段，应该是他在创意过程中最珍惜的几个瞬间之一。

现在花治店里有些东西是从国外代理的品牌，而在经营初期，晓晨可没有这个经商的天分。这个要从当时为什么会有花治说起。晓晨和天天在创业之前，都是4A公司拿着高薪的创意人。晓晨一直专注在设计上，天天则涉猎更广，摄影、油画、文案、媒体、设计等等，基本上让人羡慕嫉妒的才华她都占领了。晓晨说，开家店这件事，是他们很早就有的想法，注定要实现。

既然是跨界，当然不能做成行活儿。晓晨和天天经常到世界各地旅游，日本和美国是他们总能找到灵感的地方。晓晨说，这其中有一个转变，应该也是他从一个"一人吃饱全家不饿"的文艺青年，到一个逼上梁山的经营者的改变。

起初，每次到国外，晓晨都会满世界搜罗各种藏在犄角旮旯的花店，越是特别，越是不知名，越是能吸引晓晨的兴趣。那个时候，晓晨就觉得，见鬼的商业，我就是要做有自己调性的花店。于是，在美国大森林里捡松果之类的举动，也大概是那个时候的事。

后来，晓晨听在日本的朋友说，那些看起来很有格调，价格特别傲娇的花店，根本就是

花治创始人：马天天

花治创始人：李晓晨

花治店内用干花做的花环，这里售卖的是一种宽容优雅的生活美学态度

在花治的店中有干枯的植物、失色的花朵,他们珍惜植物的参差多态,赞美怒放,也歌颂衰败

行走的花园

花治 Art：行走的花园

人家开着玩的，排解内心文艺"细菌"用的，谁要用来赚钱？What？原来文艺青年是不食人间烟火的，晓晨才恍然大悟。

花治一点点被人熟知，要赚钱，要养家，要给店里的员工期待的未来。更重要的是，花治的品牌，在晓晨和天天的心中，生来就是不平凡的存在。

在花治的官方微信号上，可以看到花治与某些大品牌的合作项目，告知世界花治做的设计有很多大牛买单。不过晓晨说，除了店里必要地产品和业务，他最想做的是关于艺术和创造力的事。晓晨不经意说了一句话，可能他自己都不记得。他说，花艺产品可以复制，艺术的创造性是永远都带有自己的印记，也是永远不能被模仿的。

在箭厂胡同的店开业之前，晓晨利用周转的时间，在空无一物的老房子里做了一个植物装置设计。24小时常亮的灯光设计，让晓晨在几个月的时间里赚足了胡同里大爷大妈，还有周围各种隐居的设计师们的好奇心。于是，刚刚开业的时候，国子监和五道营的各种同行成为花治的常客。不仅往来无白丁，一单单生意也随之而来。所以，艺术、设计、商业之间还是可以找到一个平衡点。只要你在其中一个领域攒足了劲儿，自然有人慧眼识珠。

一个小愿望，如果以后"花视觉"《开家花店"荒度"余生》要在线上平台做推送，一定要加入花治那些展览的全过程，还有那些有趣的视频。

VISIT ▶ 花治

北京市东城区安定门内大街谢家胡同 5 号 ／ 北京市东城区国子监街箭厂胡同 25 号

18910498961   @ 花治 MIZU

花治 Art：舞动蒲扇

花治 Art：宇宙尽头的 F 调

不遠的诗和远方

文　字　兰州晨报 赵莉
图　片　不遠 ColorfulRoad（甘肃·兰州）

微博上有家喜欢不远的花店这样形容不远："不远，她好像永远有一种能力，或如山间穿过的风；或如坐拥天下的女王；或如灿烂阳光的邻家女孩；又或如冷峻少言的男子。她的花束里是她走过的山山水水；是她看过的世界；是她心里的那个天堂……"

想写一位姑娘很久了，
一位花房姑娘。

姑娘叫向羽，姑娘的花房叫不远花房。其实这个表述并不准确，因为现在的不远，早已不仅仅是一间花房。叫她姑娘也显得有点太娘，她有点帅，微博上好多姑娘喊她哥哥，现实中好多朋友喊她老公。按现下流行的说法，她娘man平衡。

某年夏初，我正在办公室里为新一期的稿件选题绞尽脑汁，旁边的同事向我提供了一条线索："好像有一个地产业的高级白领，辞职不干了，开了一家新型花店，你看能不能做。"

房地产、高级白领、新型花店，一篇新闻稿件所必需的要素和看点都齐全了。于是我赶紧上新浪微博搜这家"不远花房"的账号，想提前做些功课，以便到时约访。哦，她们现在已经改名为：不遠ColorfulRoad。

打开微博之后，我就干了一件特别变态的事儿——把不远从开通之时起的第一条微博，一直到当时当日的最后一条微博，挨个儿翻了个遍——因为根本停不下来（我不会告诉你更变态的是，看完不远的"官博"之后，

不遠 ColorfulRoad 创始人：向羽

我又搜出了向羽的私人微博，又从头到尾地翻了个遍）。

确切地说，我在微博上看到的不是一间花店，而是一间花艺店——重点不在于"花"，而更在于"艺"。至少在我了解的范围内，兰州在当时还并没有一间这样的花店。

我不懂花艺，只能从视觉效果上说每束花儿都美得令人惊艳。但我懂得文字，花房姑娘向羽，用她简单又温暖的文字，记录了每一束花儿背后的小故事——全部都是和爱有关的故事，有情人之间的暗恋、表白、甜蜜；有夫妻之间的体贴、浪漫、惊喜；有朋友之间的误会、信任、默契；还有父母子女之间的付出、回馈、铭记。

隔着电脑屏幕，我被微博上的花儿和故事，感动得一塌糊涂。

见到向羽的时候，朵拉已经在她的肚子里7个多月了。

因为堵车，向羽比我们约定的时间晚到。她一边抱歉，一边使唤送她来花店的先生去附近的餐厅给她买一份不放芝麻酱的凉皮做早餐。

"你都7个多月的身孕了，吃凉皮当早餐？"我惊讶又不满。

"对啊！"向羽回答得理直气壮，我反而无话可说。

凉皮很快买回来了，但是却放了芝麻酱。向羽念叨先生，我们的聊天就此开始，从分别数落自家的男人开始，探讨了所有男人的共性，又聊了聊所有已婚女人无论如何也绕不开的婆媳关系，就着花房里满满一架子的书，交流了一些读书写字的心得……至于最后是如何切入采访主题的，现在反而记不清楚了。

其实那时候不远主要还是通过微博微信接单，实体店还不算正式开业，我采访的那天，因为对先前挑选的展示柜颜色不满意，向羽约

灿烂阳光的邻家女孩向羽

不遠的每個角落都有鮮花

一家花店不需要多大的地方,温馨就好,不远,就在那里,温馨又明亮

了装修师傅来进行修改。

　　临近中午的时候,向羽要去买盆栽,我也跟着一起去了。向羽大高个儿,昂首阔步地走在前面(昂首阔步,是的,我没有用错成语,你们能想象一个7个月身孕的女人昂首阔步的样子吗),我拎着她买好的盆栽,屁颠屁颠地跟在后面。

　　其实那时候我的采访已经基本完成,是可以回报社去写稿子了。我一开始也不明白自己为什么要跟到花市去,后来想了想,可能是替做起事来太容易投入忘我的向羽心疼她肚子里的孩子。

　　后来,稿件见报,向羽给我发来微信:

"今天早上我来开店门的时候,有几个老太太正好从门口经过,她们远远指着我说:'嘿,那不是向羽吗?'"

　　不知道我的采访和稿件有没有影响到不远,但是不远和向羽对我的影响,显然来得更为激烈一些。

　　采访时,向羽告诉我,花房之所以起名叫不远,就是因为很多我们以为特别遥远特别困难的事情,当真正开始时,发现一切不过是自己的怯懦与放不下。当你决定放下那些困扰你的人或事开始启程,一切就都不再是问题。而我们的梦想,想要的生活,更好的自己,都变得不再遥远。

向羽的样子，好像我们曾经梦想中的自己。不同的是，大多数人一直都在梦想，而她在努力地把梦想变成现实。

采访完第二天，我一口气从网上买了几十本书，其中有不少是向羽的推荐。老公说你疯了吗，我理直气壮地回答："我也想要变成更好的自己！"结果直到现在，那些书还没有读完。

不远的实体店正式开始营业的那一段时间，向羽在微博微信上和顾客朋友们的互动比较多。记得有一期，是邀请大家写出你和不远之间的小故事，其实很想把我的采访经过和我们的聊天内容写出来，但是当时父亲手术住院，我在单位上又参与了一项大型的公益助学活动，两头都忙得颠三倒四，精疲力尽，最终也没顾上。

等到忙完昏天暗地的3个月，我已经习惯了默默地关注，不再有想法去参与互动的话题，也很少在朋友圈里点赞留言，只是会在每天睡觉前点开微信，看看这一天里不远又出了啥样的花礼，以及这些花礼背后，又有怎样温暖动人的小故事。

我爱死了不远的每一束花儿，每次都拉着老公一起看。我觉得这都不应该算是暗示，应该是赤裸裸地明示了吧，可惜我家老公天资愚钝，或者说他假装天资愚钝，就是不明白我对不远花儿的热爱。偏偏我又是个固执到近乎偏执的女人，认定了这么美好的花儿，必须要由老公送给我才有意义。

直到有一天，我偷听到老公在用不远的故事，开导和鼓励一位正处于低谷时期的小朋友。

咦，花儿不知道送，不远的故事他倒是记了个清清楚楚。

我一直没能收到不远的花儿，但不远早已经不再是最初的那个不远花房了。

也许从一开始，向羽就没想过让不远仅仅只是一间花房。

第一次在朋友圈看到向羽发布的花艺课程的消息时，我吓了一跳：这姑娘也太自信了吧！她就不怕有同行去偷师学艺嘛！很快又自己想明白了，但凡是能"偷"走的，也就算不上什么艺了吧。所有的艺术，都不会是教条，而是融入了灵感和情感的创造呀！

后来，向羽在不远开设了各种各样的课程，有花艺，有刺绣，有手绘，有压花。所有的课程消息一经发布，名额很快就会被抢光。去上课的基本都是姑娘，每次课堂都会有设定一个主题，大家一边上课，一边聊人生，聊梦想，聊青春，聊爱情，聊友谊，聊童年。

不远一周年的时候，向羽又租下了隔壁的另一间门店，将不远的营业面积扩大了一倍。重新装修过的不远焕然新生，比从前更有范儿，也沾染了更多向羽的个人气质。

开始有客人去不远，单纯只是为了玩儿，或者是拍照。

不远有了除了老板娘向羽之外的其他的花房姑娘，从最初的一个，到现在的四个。每个姑娘都有一个和不远有关的独一无二的小故事。

向羽开始到电台做节目，或者回母校演

讲，她的花艺被选入专业的行业书籍，她开始被约稿。她也开始尝试自己做采写，发愿要找到许许多多的手作艺人，把他们的故事全部写出来，然后再编成一本杂志出版。

在这个过程中，向羽的先生首先变成了一位手作人——他学习了皮具的手工制作，成了一位皮匠。起先他只是制作一些皮夹、钥匙包这样的小物件，后来他开始自己设计制作口金包、双肩包、公文包、手作鞋等。

于是不远的课堂上又多了一项手工皮具制作的内容。不远也成立了第一个子品牌，私人订制的手工皮具——墨。

这是朵拉的大名。那个我第一次见面时还是个胎儿的小姑娘，已经在向羽的镜头里摇摇晃晃地长大了。她牛逼的父母，以她的名字为名，为她创立了一个专属的手工订制品牌。

这样就已经够好了吧？

不远两周年的时候，向羽又把不远重新折腾了一番。她为皮匠订制了一张专业十级的手作工作台。为了找到好看的花器，她飞景德镇，飞大理，千里之外背回一堆大大小小的陶罐。

参加北京国际设计周，她和伙伴们把几十斤重的牛羊尸骨从大西北背到首都，把无数超大的仙人掌从福建运到了北京。

她又与妹妹创立了不远的第二个子品牌，想TATTOO STUDIO刺青工作室，她身上有大大小小六七处刺青，她说刺青可以用来纪念任何，可以赋予任何意义。

然后，在第三年夏天的时候，不远在山中有了一个院子。

第一次写关于不远的时候，在尾声向羽说，花房并不是最终梦想，她想有一间院子，有一个花园。那个看似遥远的梦被这个帅姑娘再一次实现了。

院子会有民宿，在偶尔的周末开放，会有餐厅，只做家常，会有下午茶，会有烘培，会有手作，会有花园。对，就是你能想象到的一切美好，都能在这个院子里得到呈现。

院子被命名为不远·在山。

在山，简单的两个字，立刻把人带离了城市。

你看，只要努力，我们的梦想，想要的生活，更好的自己，真的都离我们不远。

她也曾说过，她就是想要把所有喜欢的东西都玩起来，玩到嗨，这就是意义。

除了第一次采访，这两年多来，我没有再见过向羽的面。

但是在每天的朋友圈里，都能看到发生在不远的各种各样的故事。不远几乎有了来自世界各地的客户，这些客户中的绝大部分，都和我一样成了不远的粉丝，他们甚至嚷嚷着要成立一个"不远全球粉丝后援会"。

"只要努力，我们的梦想，想要的生活，更好的自己，都离我们不远"的品牌内涵，鼓励温暖了许许多多失落或者失意的人们，陪伴着他们走过了某一段人生低谷。

不远的花儿有时候开启的，是一段爱情；有时候结束的，是一份记忆；有时候陪伴的，是一世情长；有时候怀念的，是只能在梦里见到的你的模样。

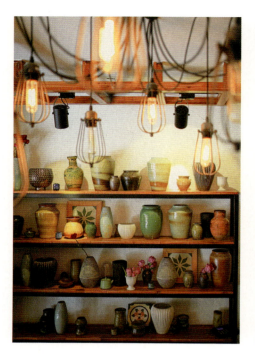

不远两周年，重新装修了一番，向羽从景德镇和大理背回了一堆大大小小的陶罐

皮匠的工具墙

有人从天南海北飞往兰州，只是为了看一眼真实的不远，和不远的姑娘们。

不远，成为了很多人心中的诗和远方。

而我，也因为不远，认识了这座城市里许许多多更好的人。理念独立的自由摄影师蝎子先生，和他为爱追寻千里的妻子伍月小姐，为了一段已逝的爱情而变身美食大厨的赵小沐，还有文采飞扬心地善良的师大女孩儿壹良姑娘……

其实说认识也许并不准确，因为我并没有见过他们。但是我知道这些美好而认真的人们，就和我一起生活在这座城市里。我也许在某一个角落和他们对视过，也许在某一条街上和他们擦肩。

不远，让我发现了这座看似粗犷的城市里，更多的细腻与美好。

2015年9月17日，我的女儿出生了，从此变得更加热爱不远。因为对女儿而言，兰州就是她的故乡，我不希望她长大以后提起自己的故乡时，仍然只能停留在一条河，一本书，一碗面上。没错，兰州是有一条黄河穿城而过，有一本《读者》风行多年，有一碗牛肉面享誉已久，但这些，仅仅只是兰州的框架和骨骼，虽然硬朗，却缺乏灵气。兰州真正的血肉，生机，在于每一条街，每一道巷，而这些街巷的生命，正在于蜿蜒其中的某一间小店，或者某一张笑脸。譬如不远，譬如那些发生在不远的故事和故事里的人们。

希望在不远的以后，不远可以成为兰州新的乡愁。

 VISIT ▶ 不遠 ColorfulRoad 📍甘肃省兰州市城关区麦积山路西口颜家沟115号
📞13893137911 🌐@ 不遠 ColorfulRoad

不远创始人：向羽

二丫

文　字　向羽
图　片　不遠ColorfulRoad　（甘肃·兰州）

我想写写二丫。

二丫是不远的小客服。

今年一月份进入不远开始工作的，就是那个手写简历的，写得一手漂亮字儿，底下一码儿的回复都是就她了，要她吧，收了吧。

第一次面试，我并没有看上，她害羞，不敢说话，穿了一件不好看的羽绒服，扎着马尾辫儿，戴了一个红框的眼镜。后来她好像知道我不考虑她了，面试完后的晚上又给我发了一封长长的信，像是弥补白天的羞涩。

我是个感性的人呐！被这封"情书"收服了，二丫就这么来上班了。

前三个月没看出啥毛病，顶多就是人反应慢点，我们笑话都笑完了她还一脸懵圈。

第四个月，开始独立管理客服号接单了，毛病显露出来了。

二丫是处女座，特征体现在，你喊她喊得再急，她也一定会不慌不忙地做完自己手头的事再来应你，我是个急性子啊！这我哪受得了啊！于是告诉她要立刻反应！

二丫说：哦，好。

二丫执行力还是好的，现在是一喊就应，我心想嗯，不错不错。毛病又来了，她正在忙的事，因为被打断，导致再也续不上来了。比如，客人的包月花，她刚写好第一次，然后忙了一下下，忙完回来她可就想不起来写2、3、4了，订单多，不写就会漏单啊。

再比如，客人订的明天的花改到今天了，她答应得特好。然后，忘了……客人来取花，我们大眼瞪小眼，才知道漏单了。

再再比如，我花了三个小时练习写好的一张俄语贺卡，二丫安排送货的时候忘记把贺卡放进去了……

再再再比如，晚上接的订单会发到群里以免忘记，第二天上班需要客服第一时间记录在订本上，她"不负众望"的会忘掉。当然，我总是那个专业负责擦屁股的。负责检查她的订单，负责向客人道歉，负责向客人红包补偿，负责一切结果。

刚开始我会开玩笑，说让你妈回去给你买点核桃粉啥的，补补脑。

后面开始苦口婆心，说做客服一定要认真，你的每一个疏忽，都是客人收到花时的不满意。

再后来，我已经被这类小事磨得没脾气，我只能冷冷地看她一眼，用眼神表达一切！

再再后来，我真的气疯了，我说二丫你好好考虑下你到底适不适合这个工作，我再给你最后一次机会，再这样我就降回试用期，还继续就直接走人。

二丫每次挨训都是那种非常无辜的小可怜样儿，感觉真的都是脑子不好蒂的祸，真的不能怪她啊！两条眉毛呈下垂状，像个囧字。我气得不能和她对话，于是找和她同期来的小倩，说你给她说，我说那些话都是为了吓唬她，不是真的不要她，最主要是让她认真仔细啦！

小倩谈完回来给我说：老板，二丫特别心疼，她觉得她老给你惹麻烦，说自己可能真的不适合这份工作。但她还想着走之前要帮你找一个可心的客服再走，她说你特别喜欢上次来的一个大学生，她准备主动去找人家来接替自己的位置。

我哭笑不得，又默默感动。

然后文慧、舟舟、小倩一起开始批评我，说二丫胆子小，不能这样吓唬，她不是激将型选手，绝对是鼓励型选手啊。然后大家一致认为二丫虽然做的是客服工作，但是工作琐碎又繁杂，而且勤快的小妞还总是要跑进来帮花艺师整理花材，抽空还要订餐打扫之类，孩子脑子里的事太多了，我又说她，压力又大，导致出错频率增加之类。

说完，我觉得全是我错啊，这么好的姑娘，犯了几个小错误，就被吓唬成这样，我漏掉的单子比二丫可多啊，忘记的贺卡比二丫也多啊！

于是我改变了战略方针。

回家路上跟二丫聊天，特别理性客观地给二丫分析了某个错误发生的原因，以及出现错误如何补救，然后告诉二丫，我是个很懒的人，如果遇见稍微聪明点的人，我可能都懒得说原因，我只会白她一眼，那边立刻心领神会不会再犯。但是对你不行，我白你一眼，你只会懵圈地看着我说：老板，你眼睛是不是不舒服？所以，我愿意对你多付出一点耐心，我愿意把每个你犯的错误都给你讲解一遍，但是，只有一个要求，犯过的错不要再犯。然后，我骂你骂过就完了，对事不对人，绝不翻旧账，所以我不需要你用情绪低落来告诉我你在为上一个错误难过，我需要你立刻满血复活用下一件漂亮的工作告诉我你变得更好了。

二丫上车时还不敢吭声，下车时像换了一个人，开心地说：老板，听君一席话啊！

从这以后，奇迹发生了，我不知道是因为我对她更宽容了还是她真的变认真仔细了，简直像个女战士，我一眨眼，人家把该干的已经全干完了，我觉得这件事她可能会来问我，人家也漂亮地完成了，我觉得这么久了差不多该犯错了吧，检查一下，嗯，确实有一点错误，可是我心态也转变了，点到即止。

但是也告诉了二丫，我点到即止不是因为错误不大，而是因为我不想让你有负担，所以你渐渐成长，我与你也渐渐上升到只需一个白眼你就懂的默契了。

二丫重重地点头，嗯！

距离百年老店，还差九十六年

文　字　S姑娘
图　片　派花侠（四川·成都）

（一）

烂牙是个地道的成都女孩，虽叫烂牙，其实有一口整洁白净的好牙，说起话来一股子湿润温暖的南方口音。

毕业于金融专业，却开起了花店。和所有有着文艺梦的女孩儿一样，在烂牙诸多并不成熟丰满的人生理想中，曾经有一条是当个小食店老板。小店就和派花侠现在的店位置一样，要在深巷里，小，不起眼，只提供拿手的几样食物，只供几种酒，养一只猫，每样菜都要亲手端上桌，午后忙完倚在小藤椅上晒太阳，偶尔瞄一眼客人吃得香不香。

如果把小食店换做花店的话，她也算实现了某一个人生理想。

2013年1月，烂牙以派花侠的口吻发了她的第一条微博："草图和模型中总是混杂着诸多错误，但是建在意大利佛罗伦萨城中不甚完美的圆屋顶，总是好过云端富丽堂皇的大教堂。不完美的实物永远好过不现实的空中阁楼。所以想到什么就去做，从现在开始。"

在这之后，她发的每条微博和朋友圈，都是关于花，关于派花侠。刚开始生涩蹩脚的描摹，到那些创意有余、技法不足的花盒，再到后来慢慢开始出现能称之为作品的东西。

与其说她在微博和朋友圈打小广告，不如说她在记录一束花，一天的工作，一个喜欢的客人，一颗以侠客模样游走在天地间的心。

（二）

成都无疑是一个人文气息很浓厚的地方，花店有很多，但真正把做花这件事做得文艺惬意的人并不在多数。

就像派花侠微博上写的，他们希望成为这样的小店：希望来买花的客人，不止是因为新鲜、好看、小清新、比野兽派RoseOnly便宜、性价比高，其实这些都不是重点。理想中

派花侠和它的小伙伴们（左起：庆姑娘、烂牙、火星、琳子、菜菜）

无论在城市还是小镇，开家花店，不紧不慢，悠然度日

的派花侠，是人与人之间的关系会因为这家店的存在，而变得更加亲近。

于是，他们成为这座城市最不务正业的花店，一直在尝试有趣的事、七夕夜跑、夏夜弹唱、复古晚宴、圣诞捐赠、野餐踏青。许多活动，小而美，并没有通过媒体大肆宣传，但却让参与者们感到贴心温暖，舒适自在。就像派花侠的那句口号：传递乐观主义，用自然的方式。

（三）

大多数人都知道自己想要什么，想做什么，但就是不去做，因为总有千万个借口，把自己的理想和爱好搁浅，渐渐就失去了想要的人生。

但在烂牙的字典里，没有等我有空了、我就开始去学东西，等我确定了、我就去做我想做的事情，诸如此类的句式。

生活永远在别处，先上路再说。

2013年，彼时的烂牙，还是个在校生。她在成都念研究生，男朋友在北大硕博连读。他们在一起后就一直异地恋，男朋友鼓励她去发现去专注。说白点就是，不知道自己想要什么，就多看看世界上有什么，其中有没有自己想要的，如果有，就争取一下。所以派花侠的开始，并不是什么故事，而是刻意而为之的偶然，是莫名其妙的一股劲儿。

"决心做一件事，你会发现全世界都会为你让路。"

几乎没有遇到任何坎坷的，从有开花店的想法，到学习花艺、备齐物料，到注册微博派花侠有了第一笔订单，只用了不到一个月的时间。

"我是稀里糊涂的，在摸索中，开了这家店的。现在想起来，派花侠最初的客人真的对我很宽容。"

后来，烂牙结识了从上海辞职回来的庆姑娘。庆姑娘是专业的花艺师，之前在一家著名的日本百年花店担任店长工作，因为怀念家乡，回到成都。两个年龄相仿的女孩，一拍即合，有了庆姑娘的加入，派花侠的产品从搭配、包装、细节上都有了很大的提高。

店里许多奔放自在、似花非花，能称为作品的东西，都是出自她手。当同龄人大多都花枝招展、靠近主流，小庆却拾起剪刀修剪人生多余的枝节，浇灌内心的花园。

再后来，派花侠还有了设计师火星的加入。火星是一个自由如疾风，不定如流云的人。开着设计公司，有一套自己的商业法则，同时又在街头探寻着那些落后陈旧的小店，从视觉设计入手，公益地为他们做着老店重生计划。有人问火星，作为一枚直男，为什么会愿意做开花店这么一件娘炮的事，他答：因为在派花侠身上，能看到那么一点点，他想要的未来。

不再执着于小情小爱小文艺，那一年的派花侠变成了复数，励志成长得更为专业。

2015年，店里还有了菜菜和琳子的加入。

派花侠的夏夜民谣弹唱会

（四）

采访烂牙的时候，正值2016年年底，正是她思考年终总结的时候。

这一年的派花侠，有1条视频拍摄，2次跨界活动，3张相机内存卡，4次花艺展览，5个人，8场婚礼，10双手，27篇公众号推送，几千份花礼，上万张照片。

她对一年来的成果这是很满意的。

这种满意，不仅仅是来自于账面数字的增加，技艺的提高，小店是否受追捧，有没有取得巨大的成功，这些都不完全是衡量的标准。

执着于外相，常常会偏离了本质。

是否在有限的生命里不停探索自我的边界，是否在众多诱惑前保持初心，是否热火朝天地工作却又对现实之上的世界充满好奇——这也是派花侠衡量自身的标准。

能做到这些，已经很棒了。

还有更棒的是，派花侠其实只是烂牙双面人生中的其中一个。

因为家庭，也因为她觉得能多体验一种生活也不错，所以毕业后，顺遂家人的心愿，上了班。她说自己都还做得不错，两份工作都能应付，牺牲了自由支配的休闲时间，却也丰富和拓宽了人生的领域。

"很多人觉得我开花店，就给了我一个非常田野山间的，非常缓慢的，将文艺进行到底的人设。其实我不是，我没有。

最开始开花店并不是因为满腔文艺，爱好手作，或是喜欢自然。而是因为好奇，后来才是喜欢了，并且真的觉得能有不一样的地方，能满足我的"马斯洛"最高需求。

记忆非常深刻的一件事，是大学快毕业的时候，有次去亲戚家庆祝她退休，饭桌上有人很俗气地问，退休后有没有什么想做的事。我以为会回答琴棋书画之类的。但她很认真地说，想开个裁缝店，想给人做衣服。没等她说

复古晚宴花艺沙龙海报　　　　　　　　　　　夏夜民谣弹唱会海报

完,周围就笑说,眼睛都不好了,退休了多休息,也挣不了几个钱云云。

然后亲戚接着说了句:我没说这辈子,我说下辈子。

不抱幻想,也并不悲伤,而是很达观地接受了眼前的事实和别人的态度。这才是让我最难受的地方。

当时心口热气腾腾的瞬间我现在还记得,所以,只要我想要做的事,都要这辈子去完成。"

一个朝九晚五忙碌,却精力充沛的生命,对世界抱有着侠义与好奇,也懂得如何找到属于自己的生命节奏。

（五）

从最初的屋顶花园,到工作室,再到实体店。现在的派花侠位于成都市区的水碾河街边,一条蜿蜒如蛇的小巷里。也许你路过这条街道一万次,都不会注意到藏于这条小巷的别有洞天。但只要来过一次,你一定会喜欢上这里。白天这里是咖啡厅花店青旅和音乐教室,傍晚能路遇泰拳馆跑步热身的铁血少年,以及夜幕降临才悠哉开门的酒吧。

有时我们对季节的感知总是遗憾在了匆匆的时光里,似乎还没来得及拾起一片秋日的落叶,春天便在某个烈日炎炎下消逝了。好在派花侠总是随着季节呈现出不同的面貌和主题,四季更迭,风物变化,无言深刻。

有人问,这家不怎么务正业的花店开了多少年?

他们回答:"距离百年老店还有96年"。

深巷里,沿着派花侠的路径,你会发现水泥森林之中别样温暖。

 VISIT ▶ 派花侠　📍 四川省成都市锦江区水碾河南三街 U37 创意仓库内
📞 13688071755　　🔲 @ 派花侠

火星

文　字　烂牙
图　片　派花侠（四川·成都）

每个人都有自己的追求。

有人励志成为有钱人，一天工作18个小时，挣别人工作80小时也挣不到的钱；有人拥有权力才会满足，享受莫敢不从的威严感。而有那么一部分人，总会认为，自由如疾风，不定如流云的生活模式才是人生的真谛，欢笑时绝不矜持，饿了就狼吞，渴了就豪饮，遇到看不顺眼人的就上去kick ass，再掏出一罐庆祝胜利的啤酒直接倒进消化道，然后就能长出翅膀飞向天堂。

我的朋友，也是派花侠的设计师，火星就是这样一类人。

一、1984-1994

小时候的火星是快乐的，虽然这快乐建立在其他人的痛苦上。

在八十九十年代，那段精神生活荒芜贫瘠的岁月，处于食物链最顶端的火星，抢小朋友的冰棒，往泼妇脸上扔甩炮，铁路边长大的他，休闲娱乐是卧轨看天空。有天他在烧开水，邻居正欣慰这孩子终于懂事了，然后转眼就看他提着开水壶去浇树。他家附近的地里基本就没用过农药，只要把他叫去，就不愁庄稼被虫吃。简直fuck everything that moves。

此类行径罄竹难书，按每件判一个月拘役算，累计也有四五个无期徒刑，够他将牢底坐穿。但由于他的罪行超出了立法委员会的想象力而无法可依，火星的整个童年都在大街小巷横行无忌，让同龄小朋友闻风丧胆。每每这时，他笑得更放肆了，童年时他最大的乐趣就是让别人恐惧于他的人品……

可惜世间好物不长久，琉璃易碎彩云疏，这份单纯的快乐只持续到10岁，作为以家为圆心1km内最高统治力的存在，步入青春期的他感到厌烦，开始懂得了克制和内敛，以更加冷酷的面貌示人。

二、1994-2003

火星生于一个儒雅的家庭，父母都勤劳而平和。但十多岁的他，不知为何就横眉冷目、心有猛虎、自成一世界，大有自古英雄出少年的架势。

他看武侠剧，悠然神往那个剑与酒的江湖，看香港电影，美慕那些枪林弹雨喋血街头的英雄，看科幻小说，想象平行空间中无数可能的自己而出了神。同龄人开始做了第一个羞涩的春梦时，火星却在无数个梦里，梦到自己变成了东方不败或者哥斯拉。

武侠、港片、科幻都是"成人的童话"，主角们身上像被植入程序一般地集中了人们无法实现的狂妄念头和理想，而这些主角们不同的特质，又在十多岁的火星身上江河汇聚，初现光芒。

三、2003-2007

在撩妹这条康庄大道上，火星也曾是个掷果盈车的人。

人要是有天赋，做什么都是一通百通。这句话应验到火星身上，就是除了很会使坏之外，他在学习、运动、撩妹等各个领域的超凡禀赋都逐渐显露了出来。

他就像英国圈地运动时代的一个农场主，粗壮的手臂，灵活的身躯，一个不羁的眼神，大批有前有后有思想的青年樊胜美拜倒在他的石榴裤下。

有一天，离开家去远方上大学的农场主火星，突然告别了那些嗷嗷待哺的烈焰红唇，结束了万花丛中想摘哪朵摘哪朵的生活，开始有了很多诗意的时刻。

因为他遇到了一个女人。他们谈恋爱了，日子像

开家花店，一边享受生活，一边贩卖幸福

一张点缀着碎花纹的白纸，简单却无杂质，最后还是分手了。

你走进了我的世界，又离开了我的世界，你离开后我的世界应该和你没来过的时候一样啊，但是为什么为什么为什么会不一样。路边热吻的少年，像极了我们的昨天。深夜的寒风中，火星的心碎了一地，第二天清早被扫地的大妈扫走了……

四、2007-2014

有人说，大学是正式踏入江湖前的一场修炼。有清规戒律，有师徒同门，有儿女情长，许许多多不经意发生的事，成了点悟开化的时刻。大学时学计算机的火星，因为瞥见同寝室的兄弟用Photoshop帮美女修照片，为了给女朋友献殷情，便也开始自学摄影和Photoshop。后来的后来，成了一名设计师。

大学毕业以后，跳入茫茫人海，有的人愤世嫉俗，有的人看淡，有的人爱上虚名，有的人变成有钱人，而大起大落后的火星应该是励志成为侠的。所谓侠，就是很厉害的人物。首先，他认为自己需要有个好身手，所以专注练功十万小时，不止苦练专业技能，还刻意积累美学、创意、商业类的知识。很多人以为背后是一个团队完成的项目，从策划设计再到谈判，其实就他一人；其次，他又出手克制。一个侠想去的世界有多大，想做到事有多大？无

论多大，肯定不是"积累财富"那么简单。

五、2014-

我们认识已经是他毕业7年后。

这7年，他借宿过朋友家的阳台，连续几个月吃同一种食物，打篮球腿断过又被接好，无数个夜晚骑着他的死飞看过凌晨4点的成都，独自一人骑摩托在这个城市穿行过1万多公里，搞到过项目也被很多项目搞过。

彼时他已经自己开广告公司，投资旅店。

我请他帮派花侠设计logo，问了缘由和要求之后，他答收费2万。我说能不能便宜一点，他答那就不收费，因为这件事他愿意做。依旧横眉冷目，轻描淡写，但鲁迅先生所谓"于无声处听惊雷"，即是此意罢。

从那天起，我就和火星算是认识了。我们通过吃饭、K歌、互相吹捧等形式，革命友谊急剧升温。我们聊过去，理想，从佛洛伊德到猫的JJ都能扯，常常有种开悟的感觉。

再后来，他顺理成章成了我们的合作伙伴。策划了夜跑、花艺师沙龙、圣诞公益、弹唱会等等不务正业的跨界活动。

我们偶尔也去他家蹭个饭什么的，他家三只猫咪，他烧得一手好菜，还有一个温柔的女主人，会在每年6月15日的凌晨悄悄为他布置惊喜。

不是花院
MORE THAN FLOWERS

旧的日常

文字　函忆
图片　不是花院（云南·昆明）

很多人把云南当作寻梦的地方，但是也有很多人把这里当作圆梦的地方。一个典型的北方姑娘，却在这里扎根开了花店。店里的白纱、水泥墙和各种古董，感觉像极了她小时候常去玩的乡下大院，想做什么就卖些什么，哪怕是自己从深山里背回来的木桌，也都被她重新软装得别有一番风味。

有一次，33姑娘和助理先生远途跋涉到香格里拉。本是好心"收留"他们一行人的客栈老板，没想到自家的老木头桌子被33惦记上，硬是要带回昆明。无奈之下老板拗不过33，就好心提醒："那你发个物流回去？""物流？不用，我背回去就好啦！"……

33，在我第二次问她怎么称呼你比较好时，她依旧说"叫我33就好啦！"我不放弃地又问"为什么？"她说："因为我叫珊珊啊。"嗯，真是个简单的姑娘。

刚才的故事在33和助理先生身上不知道发生过了多少次。别人在云南旅游，不是在留恋洱海的落日，就是期待大理的邂逅。而他们，徒步神游在昆明周边的偏远人家，惦记着别人家里已经被油渍模糊了原本木色的旧桌子、旧椅子或者菜市场里用的锅碗瓢盆，还有就是破了口的陶罐或瓦缸，都难逃她的魔掌。33说，本来淘这些东西回来，只是单纯地喜欢，打算以后在自己家当家具用，没想到淘着淘着，淘出了一家店。

不是花院，这个突发奇想的名字经常让33自己把自己逗乐。每次微信申请加好友的时候，33的默认申请是"你好，我是不是花院。"

到底是不是花院，33自己心里门儿清，却不言语。她说，自己喜欢的东西太多，花店两个字会束缚自己的发挥。起初所有人都会以为学甜品的她会开家烘培店，索性她就把自己的店留出一个空间当作"客厅"——两块白纱围挡的空间，一张木桌子，为这里未来可能成为的样子保留了充分的可能。33说，免得她以后有什么新点子，还要告诉大家某某花店又要增开某某业务，索性别人再问她开的什么店时，她就回答不是花院，不仅仅是家花店。

虽然醉翁之意不在酒，但我们不得不说说花。在昆明这个花市门口60块钱一个大花盒且全昆明包邮的地方，开花店似乎是件费力不讨好的事。33说，也许你做的手捧花，客人在抱回家的路上抬头就能看到树上正长着手里捧着的叶子。其他城市可以卖三四百的花束，在这里也许只能卖一两百。

不过，把店开在植物种类丰富的地方也有很多好处，不仅可以根据一年四季变换风格，也可以因为植物的多样性做出市场上并不多见的作品。除了花，在33的店里，更有特色的是那些淘来的古董、陶罐，跟干花结合的手工艺品等等。一个水泥墙环绕四周的房子，这些暗暗发光的小东西却更显得历久弥新。

在店刚开业不久的时候，33和助理先生总是喜欢躲在自己最爱的白纱帘后面，在后面看看书，鼓捣着新淘来的玩意儿。有一次后里来人，门口的迷你花束33随口就报了个价格，把新来的客人给吓跑了。在这之后，33店里的花束都加上了价钱，避免以后还犯这种不长心的错误。所以，很多运营的事都在真的把店开起来了才一点点补充，寻找最适合自己店铺的方式。没有什么形式是可以完完全全照搬和模仿的。即便是明码标价这种小事情也同样如此。

我问33，你觉得让你坚持开店最重要的

古色古香,干净素雅,放满了老家具的不是花院

动力是什么?她告诉我,她知道开店初期会很辛苦,但是坚持一下就过去了。虽然前期他们会用很长时间去筹备,但是等忙完了这段,他们就有时间去陪爸爸妈妈,所以,有家店,是种陪伴。而现在,一个坚持变成了33和助理先生两个人的梦想,一种生活,简单的日常,助理先生总是会买她喜欢的花,即使开了花店,有了很多花,助理先生的小浪漫总是让人觉得,辛苦点都是开心的。

我想,这也许就是为什么33会按照家的样子去布置花店,为什么小时候跟奶奶第一次到乡下看到红砖灰瓦就挪不动步,为什么一个兰州姑娘会定居昆明,为什么她希望给安土重迁的父辈们一种不一样的生活。你可以说,这是生活在都市里孩子的任性,也可以说这是现在的年轻人对生活的执拗。有些新鲜的东西,轰轰烈烈,一笑而过;有些貌不惊人,却旧得动人。如同旧是一种常态,开店是一种陪伴。

一些小细节:

"客厅里的大桌子,拿回来之后助理先生自己手工打磨了整整一周,最后累觉不爱。心想,这桌子以后多少钱我都不卖!于是,客厅有了镇店之宝,有200年前的桌子,33可以每天早早就关门回家了……"

"店里什么都没有的时候,33买了两块白纱。白纱帘子挂起来的刹那,33瞬间爱上了这个地方。一个地方,所有东西都是最爱,哪怕什么都不做,待在这里就好。"

"有一天33的朋友来店里帮忙,进门就跟33说在路上碰上她的助理先生拎了个破篮子回来。谁知在助理先生进门的须臾,33就爱上了这个篮子,于是,朋友再也不能好好玩耍了。"

PS:因为助理先生长期的陪伴,一个人变成两个人,现在一个人的梦想两个人一起实现,变成面包和爱情,鲜花和助理都有了。

手工打磨的柜子除了装饰也是门店的产品

古旧的家具搭配花儿,别有情趣

不是花院里的所有老物件都是33一点点搬回来的

 VISIT ▶ 不是花院　📍 云南省昆明市西山区南亚风情第一城 NEW MALL 一楼中庭
📞 15559609956　 @不是花院 - 花店

Queen Wait
上海的生活空间

文　字　函忆
图　片　中赫时尚（北京）／QueenWait（上海）

Queen Wait 创始人：海琴

「生活馆」这三个字已经向烂大街的趋势蔓延起来，很多人误以为当你有钱有闲不知道干什么的时候，就去开家生活馆吧！这个鬼逻辑已经不知道害惨了多少把梦想当作做创业资金的花艺师了。清晰的模式，合理的布局，准确的定位，还有一颗感恩的心，这是生活馆的标配。因为，Queen Wait 就是如此美美地活在上海的 Life Space。

海琴插的花风格清新、素雅自然

  2013年夏，Queen Wait开设了第一家体验馆，位于上海徐家汇

  2014年夏，Queen Wait开设了第二家体验馆，位于上海人民广场

  2015年秋，Queen Wait开设了第三家体验馆，位于上海南京西路

  2016年春，Queen Wait开设了第四家体验馆，位于上海淮海中路

  认识海琴之后，才恍然知道原来当初听说Queen Wait不是因为花，而是在一个娱乐节目里，阮经天作为当期的节目嘉宾，到Queen Wait的一家店里做手工香皂。不过，如果你以为海琴的店是因为那次节目火起来的，那你就错了。

  一家、两家、三家、四家，每家店都有着不同的主营业务，包括花艺、烘焙、陶艺、油画等各种类别，"Queen Wait"，成了上海人闲暇时必去的生活空间。海琴说自己虽是个南方姑娘却有着北方人的性子，不是每位花艺师都懂经营，这位"Queen Wait"头号女王却用理性思维将感性事业做得有腔有调。海琴并不觉得自己有多么成功，越来越多人的认可和理解，让她对这份事业有了更多的感悟和感激。

  Queen Wait从2013年开始，每一步的脚印都清晰可见。海琴每次商业行为的拓展，都会对将要投入精力的这份事业有一个明确的关键词。手作、花艺、烘焙、情侣、闺蜜、家庭，或者是独自一个人，不仅产品线规划合理，而且针对不同的人群，Queen Wait都会有专业老师帮你进行系统地安排，快速让你进入到慢生活的体验之中。

  正如我们开篇所说，生活馆不是意味着兴趣与随性，对生活品质有追求的人自然也希望每次的体验都可以让自己从中吸取养分。如此一来，就需要策划者的精心准备。这种契合客户精神需求的部分正是商业模式的精进。

如果你小时候也有梦想，就不要亏待它

  儿时的海琴内心深处就一直有一个梦，在安静的小巷深处经营着一家咖啡店，或者是琳琅满目的杂货铺，又或是洒满阳光的花店。不需要特别大，温馨就好；客人不用太多，开心就好；最好还能有条狗，慵懒地陪伴着。

  海琴说，有人问，为什么叫Queen Wait。她说，没有准确的定义可以去表达，因为它只是一种概念。

Queen Wait 上海淮海中路环贸店，室外种满了花，室内摆满了花

海琴和她先生

小时候，人人都想做公主；长大后，会因为经事，会因为交友识人，沉淀下来的往往是坚韧，独立。如Queen一般，所赋予的品质是高贵、骄傲、不屈，正气凛然的。

只是有的时候它会和我们开玩笑，那些心系美好的愿景，可能会迟迟不来，或者不会出现。而我们能做的就是怀揣无限的耐力，去等。Wait，这是一种信念，去需要陪伴你走未知的路。

当然，开店这件事可不能wait。从第一家店开始运营之后，海琴就非常清楚自己的商业模式与渠道，从产品到服务，海琴清晰地知道她理想中Queen Wait品牌在客户的心里是一种怎样的存在。这几年中，Queen Wait在上海的四家店（人民广场、静安寺、徐家汇、环贸）在大众点评上全部都是5星的优质店铺。

而光鲜的背后，海琴也是位内心柔弱的姑娘。有一次公司开会，因为大众点评上客户的几个四星评价，员工也并不服气，硬是把海琴给气哭了。她一哭大家就急了，争着认错。当然，比起海琴的创业过程中的各种经历来说，这点事儿算不上什么。哭鼻子这种事情，海琴无心而为，却还是一个好用的方法。不过建议各位不要轻易尝试，因为你要确定自己的员工是不是把你当主心骨，像爱他自己一样热爱这份事业。

刚才说到的客户体验，海琴尤其讲究，即便自己的亲妹妹招待顾客时有一点冷淡敷衍，她也会狠狠批评。对海琴而言，刚开业的浮躁和手忙脚乱，早已随着不断的学习沉淀下来，比起营业额，她更在乎客户体验。她希望开店5周年，可以将每个来访者的照片都做进纪念册里。

嗯，海琴之所以可以一年一家店地开着，谈起现在的压力什么的，她总是甜甜地笑，大概是因为对一个南方女孩儿只身在上海闯荡一番事业来说，有一个疼她的老公，和肚子里的两个宝宝，还有他们的狗狗姜戈，现在的困难看起来更像是幸福生活的调剂。

在Queen Wait的公众号里，看到过这样一段海琴的自我介绍：

Hey，我是Jessica
在Queen Wait这四年
我有很多标签
主理人／花艺师／西点师／
景观设计师／文案策划等等
熟悉我的人都知道，我每天习惯记录生活
遇见了什么事
院线的电影，看了哪本书
分享喜欢的音乐等等
在这里，你可以亲自做一份下午茶
可以体验和花草之间的交流
可以学习怎么做一件皮具，画一幅油画
养一缸的鱼，栽一盆喜爱的植物
很多的手工体验都是源自生活
在这里，会是你的一种生活方式

Queen Wait 上海人民广场店,有咖啡,有琳琅满目的干花,有阳光,可以慵懒地呆一天

Queen Wait 南京西路静安寺店，干练简洁的风格，非常适合上各种手工课，花艺课

Q：你希望Queen Wait未来是什么样的？
A：可以一直延续到下一代。

Q：Queen Wait的理念是什么？
A：将中国的手作文化得到传承，中国的花艺可以提升，提倡一种良好自然的生活方式，去影响身边的人。

Q：Queen Wait在你心里是什么？
A：是梦想，需要付出大量时间和精力去实践的梦想。

Q：这一路有遇到让你印象深刻的事情吗？
A：每天都会遇见很多人，可以有幸旁观很多故事，小朋友十岁的生日会／约会的情侣／男生委托我们操办求婚／老爷爷赶来给老伴做一份生日蛋糕。这一切都会让我们很荣幸。

Q：现在有了宝宝，工作生活有怎样的变化吗？最近有没有因为有新的生命到来而有什么新的感受和规划？

A：会有些变化，比如曾经都事事尽量亲力亲为，坚持日日清晨采购花材，整理花园，门店接待等等，现在因为身体原因，很多一线的工作只能由其他同事处理，在习惯忙碌的心理上，也花了很长时间去调整。

孕育生命的过程，会更深刻地了解到生命的意义，健康成长是每个身为人母对孩子最大的心愿，我很庆幸自己所从事的工作，极大限度地在接触自然的花草泥土，还有一直以来推行慢生活的理念，对孩子的良好性格也起到了很好的塑造条件。

Q：目前来说对你最大的挑战是什么？
A：最大的挑战是未来可能开第五家店，第六家店，或者更多。实体店越多，对未来的自我要求会更大，希望一家比一家做得更好，做得好的定义不是靠面积、人气、收入去衡量，而是从每一次进步或实践中得到自我的收获，得到内心的富足感。慢慢你会发现，你当下要做的事，并不是为了多少的旁观者，而是为了做给自己看，过程是为了实践自我本身。

VISIT ▶ QueenWait ♀ 上海市淮海中路 1285 弄 46 号前门花园 / 上海市成都北路 503 弄 14 号 / 上海市南京西路 1605 号轨道站层上厅 Inshop 聚集地 B10

📞 13771182049 @ QueenWait- 生活馆 / @ QueenWait-Jessica

最先占领了都市时尚圈的花店品牌

文 字　函忆
图 片　光合实验室（四川·成都）

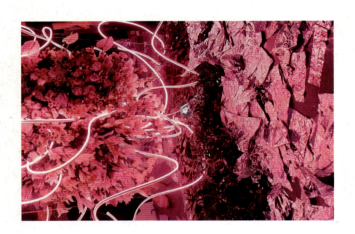

成都是一个商业发展比市民走路速度快得多的地方，看起来慢调的生活下，却暗涌着很多商业与可能。有些人适应表面的节奏，于是被遗忘在时光里；有些人也适应这种节奏，却成了风口浪尖跑得最快的人。

光合实验室，2013年成立。他们没有选择曲径通幽的街道，而是选择开在最具时尚元素于一体的商场。在光合负责市场的Lison说，刚开业时，媒体会评价说，光合挺傻的，这年头，互联网时代，开实体店岂不是死得很快，开在商场不是风险更大？不巧，将近4年时间，光合实验室不仅活得很好，他们的品牌也成为当地一种时尚生活的代言。

他们一直在做品牌该做的事

光合实验室的创始人是两位设计师，而光合的前身，则是一个品牌管理公司。基于如此原因，光合最擅长的事情就是从0到1的过程，策划整个品牌的生命线，Logo、视觉、产品、营销等等。在团队做了50个品牌后，他们一致认为是时候合作一个自己的品牌了，既然这么热爱设计，那就做一个与设计有关的品牌。

那个时候，中国有名的花店很少。光合专门到日本进行了永生花行业的考察，开始永生花业务。到2016年，光合实验室剥离了永生花的业务，回归到了鲜花本身上来。

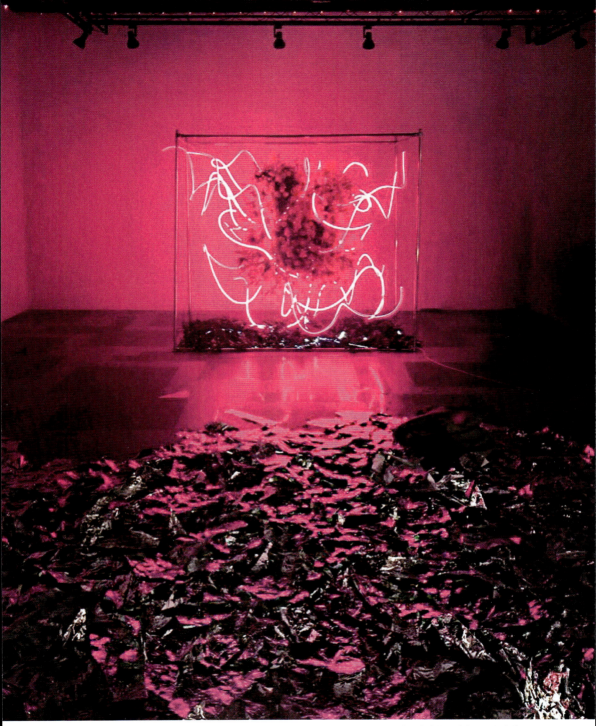

光合实验室设计作品:电光花园

光合实验室（IFS 店）

位于成都商业中心地标IFS和万象城的光合实验室，却和想象中的花店有很大的区别，在奢侈品包围的氛围中，它更像是位生活艺术家。

说起为什么坚持要开实体店，其实光合是算过一笔账的。Lison说，对于消费者来说，大多数人认为花是用朵来计算的，想要提高花店的调性与单价，并不是每天等着路过的人看看买买就有的。很多购买的冲动与品牌带来的即视感，只有亲自到实体店里才能感受，这种体验正是光合为客户带来的高端时尚感。

在商场的两家店，均为20多平方米。这种投资，换一个角度来说其实是一个活广告。Lison说，之前在做品牌咨询工作时，做过一些调查，户外广告的转化率与达成的效果是非常稳定的。所以，实体店同样具备了功能性：1.提供购买体验；2.锁定人群流量；3.品牌的活广告。

品牌Icon需要养成的过程

说起品牌，最重要的就是定位。一旦确定了你想要把自己的品牌做成什么样，就在细枝末节上尽最大努力把它完善。Lison说，光合从员工的培训，到小小的物料，都在设计中无处不传达品牌的理念。同时，品牌也不是一朝一夕可以养成的。

Lison举了一个例子，分享了一个小故事。他说，光合实验室的一位创始人，也是花艺师，有一次去花市买花，路上经过一个楼盘，于是买花回来的路上，买了一套房子。

光合实验室包装外观专利设计鲜花花束：爆米花

Floshion系列设计

光合实验室 Floshion 系列设计作品

究其冲动的原因，因为看上了房子附送的200平的花园，这是花艺师一直以来的小梦想。但是，从买房的那天起，花艺师就不间断地去打理那片花园，测试酸碱度等等。因为他们一致认为，只有把花种在土地里，才是对待它们最好的方式。所以，这就像经营品牌一样，最好的东西，一定需要一个过程。Lison说，中国的商业市场上，大家追求的就是1年发财，翻番最好。不过，容易得到的，自然失去得也快。

设计是品牌的核心

设计两个字，说起来简单，看上去空洞，所以做好它就特别难。而对于光合实验室来说，他们从来不会回避自己的优势就是设计这件事。

光合实验室提倡一个概念，也是一个英文单词：Floshion，意为Floral Art（花艺）与Fashion（时尚）的不可分割，于是也有了一个更明确的理念：时尚花艺重构。普通花店或花艺师都"重花艺轻设计"，苦于无法建立自己的视觉体系，而光合实验室却发挥团队的设计基因，更加强调设计，坚持"设计师品牌"的定位，从专业色彩搭配、空间透视、美学底蕴上做到更好的视觉体验，在用美学与视觉作为对话语言的时候，也做到了接地气，让时尚元素无处不在。

光合有一条核心原则，就是不接受低价竞争。每个节日或者重要的时间，光合都会推出一系列自己的设计产品。可能是花，可能是其它产品，可能是一张海报。比如2016年"大雪"节气那天，是出门看蜡梅的好时候。光合的微信号发布了一张海报，是盛开的蜡梅与面露难色的人。那段时间正逢雾霾覆盖全国，光合希望可以通过设计，传达一些思考。

再比如，光合实验室最先被人熟知的花艺作品是"爆米花"，将鲜花花束的包装改良成类似爆米花的盒子，成品不仅可以抱在怀里也可以提在手上，有棱有角，优雅大方，从外形上区别于传统的包装，这是光合实验室的第一个获得专利的作品。几乎所有到成都的明星都与"爆米花"亲密接触过。有人说，明星来成都有两件事，第一件事是吃火锅，第二件事就是抱光合实验室的"爆米花"。设计师希望以花之意来表达生活亦如花艺随性而为，让"爆米花"成为一个标志，成都记忆不仅是美食，也有好设计。

似乎目标远大，与脚踏实地这件事有时候会有一点点矛盾。Lison说，成都市场虽然看上去前景不错，但是跟一线城市相比依旧有3~5年的差距。做得越好，就越会被别人盯上。一方面要时刻想着进步，一方面又承担着教育市场的责任。光合说，他们对未来没有什么远大理想，每年设定一个目标，小而准，一点点做好。

VISIT ▶ 光合实验室 📍 四川省成都市锦江区成都国际金融中心（IFS）L558K
📞 4000191958　🆔 @光合实验室Lab

Model: 北平咖啡 睫毛　　Photographer: Echo

花 × 美食

PART 3　Flower Gourmet

花厨 写字楼的美食 & 鲜花让每天更值得期待

北平咖啡 因为依赖上一种笑容，所以爱上了一个地方

彩咖啡 不喜欢人来人往的花房咖啡馆

花厨

写字楼里的美食 & 鲜花
让每天更值得期待

文字 函忆
图片 花厨（北京）

芬芳的花店与用心选择的食材，在「忙碌」代名词的写字楼里，竟然有如此一家温暖了胃又安抚了心的地方。这里，就是花厨。无论你是留恋视觉的惊艳，还是味蕾的俘获，还是精心的手作课堂，在这里你可以带着期待而来，满足而归，同时将这种感动分享和传递。

与Karen约好的某个下午,从北京东三环边上一个写字楼的一层天井望过去,大楼的保安大叔指着地下一层的方向,"就那儿,天井都挂着他们家的太阳伞。"果然,给工作在都市的白领女性一个放松的空间,花厨给人的第一印象,完全符合老板Karen最初的设想。

第一次知道花厨的时候,就觉得这是个很有意思的地方。好吃的跟花结合,听起来不错,不过大多数听说过的远大志向都止于纸上谈兵,能真正像Karen这样,把生活中最美和最有用的东西结合起来,并不是简单的差事。刚开业那段时间,Karen每天都要早起去花市,她老公开玩笑说,"你竟然选了个起得最早,睡得最晚的行业。"

花厨TOMACADO,稍微对花厨有些了解的人都知道这个巧妙的英文解释了现在人们对于饮食上最在意的事。TOMACADO花厨,这是一家餐厅,也是一家芬芳花店。

从完美的抗癌食材——牛油果和西红柿中提炼出的"tomacado"一词,奠定了花厨对于理想生活的价值观:它应该是精致美丽的、更应该是健康有机的,于是有了建立在tomato+avocado之上的菜品。

但凡到过花厨的人,无论是一块玫瑰花做的蛋糕,还是成了网红的花厨水,或者你在餐厅门口买的一束花,都能真切地体验到Karen想表达的有机概念与生活方式的结合。至于当初这位金融行业的白领是为何弃文从商,如何落地概念与想法,笔者并不想赘述。就像朋友圈里的精彩人生我们看得太多,给你喝一百碗鸡汤,不如吸溜一口面条。恰好,Karen创业故事的干货太多。

回首Karen创业的一路,"惊喜"不断,常常哭笑不得。回到一年多前,花厨刚开业的几个月,对于Karen本人来说真的是"解放前"的日子,随时有可能撂挑子不干的可能。

首当其冲的就是被骗租,还好当时的补充协议没让Karen损失什么,只是延后了三个月的开业时间。不过,据说Karen利用这段时间在租的厨房里把所有的餐品又经过一番精心调整,菜品的味道深得人心,也算是因祸得福。后来遇见了现在北京东三环边上的这间写字楼,200多平方米的两个大房间与一间专门供会议和沙龙的小房间。两个大房间中间是花房,最让Karen欣喜的是物业送了门口一个独立花园。一些专门为女士们调的鸡尾酒,在有月色陪伴下清风徐来的夜晚,也给这些写字楼里Lady们一个贪恋时光的理由。

花厨以设计感极强的自然风格为主,几支简单的鲜花搭配原木色的桌椅,轻松惬意丝毫不感人工造作。说起当初店里装修的时候,单是桌椅家具就让Karen操碎了心。晚上12点的时候,Karen一个人在整栋关着灯的写字楼里等着家具从香河运来。谁知道卸了货才发现全不合格,说好的清新木纹变成了重庆小面即视感的深黑色。还有Karen精心设计的铜质的花厨Logo,开业前三天送来发现没有涂保护

花厨位于北京嘉铭中心的实体店

124

花厨,写字楼里的世外桃源,花是关于美好,厨是关于爱

膜，全部氧化变色。以至于刚开业那几天花厨是没有Logo的。

如果不是亲自见到Karen，你会觉得这一定是个特别有商业头脑的女人，不然怎么会在情人节当天，直到关门还有80多号等位顾客。店员小姑娘一个个打电话给客人："先生，您的号码排到了，请问您今天还来就餐吗？"客人说："姑娘你真逗，我都上床睡觉了你还叫我去吃饭啊。"说起这些哭笑不得的事，Karen也是一脸无奈。所以，没有什么模式一出生就是完美的，总是在遭遇瓶颈后再发现问题并改进。目前，现有的几种业务是Karen根据现有业态逐步成型的模式。

写字楼里最有情怀的地方

对于写字楼，大概是Karen从上班族开始种下了特殊情结的地方，所以创业开餐厅这件事，Karen也要致力于改变上班族的生活方式，做写字楼里的世外桃源，用爱和美的方式呈现。花厨的某次花艺沙龙活动，客户就是同一栋楼上的邻居Linked in的高管们。其中，一位气质儒雅成熟的男士一边做花一边面含委婉笑容，他说今天做的花是送给自己的父亲节礼物。

一天工作日，女士们可以跟同事或者闺蜜在花厨的天井花园喝杯女士的鸡尾酒，然后带束花回家。清风伴着微醺的花香，写字楼里的一天大概是这样度过的。

花厨特色菜品：彩虹卷

花厨设计的花篮产品

花厨的鲜花产品

花厨特色菜品：牡丹蔓越莓水果茶

花屋每天都有娇艳欲滴的鲜花提供给顾客

鲜花零售，每束128元

花厨的餐好吃，花也卖得很好。从下沉天井一进门，花厨餐厅两个大空间的中间就是陈列花的地方。为了方便在写字楼里上班的人回家路上带一束花，这里的一束花只需要128元。虽然只是一束手伴花，但经过Karen无数次包了又拆的过程，紧簇的花头和进口的包装纸，一点都看不出来是高档写字楼里一百多块的出品。

在花的业务上，除了菜品与可食用花材的结合，关于鲜花零售，Karen跟艺术家和跨界设计师合作的一些衍生品也是店里的畅销款。

花厨的花除了传达美，也曾点亮并温暖了失孤老人们的心房；花厨的厨，除了健康美味，其实也让很多客人们吃出了幸福感。这些点点滴滴慢慢形成了品牌的文化"花是关于美好，厨是关于爱"。

"外卖"套餐，要餐和花一起打包才算完美

当然，作为餐厅，尤其是作为有甜品和下午茶的餐厅，花厨也常常接到客户举办活动或者宴会的订单。前段时间经常能在媒体上看到的服装设计师Grace Chen与明星新贵的各种晚宴，也都由花厨一手操持。而花厨接单的原则是，要花和餐两项一起才会售卖。宴会一个报价，鲜花一个报价，对于公关公司等品牌服务的企业，花厨的存在就像是传说中的"一条龙"。

以花的形式相遇，打造平台遇见更好的自己

以花会友是让人们在陌生世界相识最有安全感的方式。人们总是需要几个圈子，把一些跟自己具有相同气质的人聚在一起，让彼此知道自己的独立和傲娇原来是合乎情理的存在。Karen希望在花与美食的圈子里，有一些人可以通过生活中最简单最美好的事物而相识，然后让生活变得更好。

"花厨课堂"是Karen一直在做的事，邀请不同的人，各取所长，花厨就像一个平台，成就美好生活的一种方式。花厨课堂中，以花和厨相关的课作为主线。花艺课是一个长期稳定的课程，每个月根据不同的节日或者花的品种，设计每月一花，像圣诞节就是圣诞花环，一月就是新年花篮，二月情人节礼盒。而厨的方面，有餐桌礼仪、甜品课、品酒课等。

聊到最后，抛开创业说点别的。比如，Karen告诉我，其实没有什么计划是完美的，她也没做过什么周详的商业项目书，任何东西都是一点点添加，一点点改进，认真做事可以把事情做对，但是用心做事可以把事情做好。想想正准备开业的前几个月，Karen一天要面试20多个

花厨创始人：Karen

人，店长和大厨都是自己当时苦口婆心"哄"来的。开业后自己端了一个多月的盘子，然后微博客服、微信公号、大众点评的客诉问题亲自跟客户解释沟通。但这些一切繁琐的努力后，终究换来的是一个还不错的结果。

虽然在上文中说了很多关于花厨创业过程中的得与失，也是大家正在关心的一些模式与想法。但是，反复思考之后，还是觉得花厨之所以可以在餐饮、实体店不被看好的几年中打响了品牌，其实终究归根于"用心"二字。所以对于Karen的用心，说一些不得不分享的小事。

用在管理上的"心"

可能很多人觉得餐厅开会无非一些琐事，再加上喊喊口号。但是，花厨的会议，Karen会要求员工写会议纪要，然后要写工作总结、工作计划，每一步都有总结和反思，才会走得比较踏实。同事常问Karen怎么经常半夜或者一大早给她们发邮件，是不睡觉吗？其实，只是不想错过灵感闪过的瞬间，毕竟每一个细节都如此重要。甚至每次发布文章前的修改，有时候可能就纠结一两个用词，她也会弄到很晚。现在即使不在店里，Karen也会去规划了解更多美食、鲜花和运营上的一些学习时间。既然是一份事业，那么涉及方方面面都需要去学习，再也不是爱做饭或者喜欢插花这么简单的事情了，因为你背后还有几十号员工在指望你。Karen谦虚地说，因为是跨行新手，所以会更放得下面子，去虚心地向别人请教，就算失误，做得不好，也全当积累经验。所以Karen说其实她现在挺害怕别人说成功啊，或者分享经验什么的，反而压力好大。因为，两年对于一个品牌来说还太年轻，她认为只是因为用心经营，又多了一些运气，才被很多朋友知道并喜爱。

用在客人身上的"心"

为了方便带孩子的客人，花厨会有专属儿童套餐，还会赠送绘画本和彩笔，让妈妈们可以解放出来；因为女性客人居多，花厨还会准备化妆包，因为可能某位女性客人刚刚结束一天工作要赶过来约会，却发现自己蓬头垢面；可怕的雾霾来了，花厨就新增了空气净化器；这里也常会有求婚的客人，所有人也常常出谋划策，基本上没有失败案例。说到这儿，Karen不禁微笑。于是，很多客人其实和花厨成为了很好的朋友，一周年店庆的时候，很多客人还专门赶过来送礼物，让这里感动一片。Karen说，很多客人会说这是一家很用心的店，她认为这是最好的夸赞，比什么京城最美餐厅或者网红餐厅带来的喜悦更大，因为这似乎更符合初心。

最后，我想说的是，一辈子真的不长，前一天梦见的人第二天一定要去见；下定决心要做的事，一定不要犹豫。

VISIT ▶ 花厨 📍 北京市朝阳区东三环北路 27 号嘉铭中心 B 座 B1-19
📞 010-65003354 🔗 @TOMACADO 花厨

花厨菜品：蜂蜜烤南瓜沙拉

花厨菜品：香草烤三黄鸡

Tomacado 花厨特色沙拉

花厨特色菜品：一起 Tomacado

北平咖啡主理人：睫毛

因为依赖上一种笑容，
所以爱上了一个地方

文　字　函忆
图　片　北平咖啡（北京）

太多人用绘声绘色的语言将这家店的主人揉进各种话题，纵使睫毛是一个跟她聊上三天三夜都难分难舍的姑娘，但她最让人依赖的恐怕还是她迷人的笑容。什么都不必多说，只要来到睫毛的店里，你就会明白爱上这里的理由，1家如此，7家亦然。

北京除了胡同里有特色的文艺青年，全国各地聚集在这里的游客，青色的砖墙和各种小店，还有一个地方。你说它是咖啡馆，却花香四溢；说它是花店，却像是可以一直赖着不走的地界儿；也许是间民宿，却没有刻意营造的文艺气息。店里的调调，跟这里的主人一样，温暖舒适，即便是第一次见面也有种似曾相识的默契。

这家店的名字叫北平咖啡，她的主人是睫毛。是咖啡馆，是青年旅舍，是花店，是有米其林三星大厨的餐厅，是开店的人都向往的童话世界。不知不觉，几年之中北平咖啡让来到这里的人发现生活更多的乐趣，而来来往往的，无论是一次的停留，还是长久的守候，这份喜爱也成就了今天的北平咖啡。现在的北平咖啡，在北京有7家店，它们在不同的角落绽放各自的色彩。很多人因为睫毛知道了北平咖啡，到了这里之后才发现原来人跟人之间的趣味相投，是可以让空间也具备怡然自得的天分。

2007年初春，与海棠花一起盛开的还有距离故宫仅一河之隔的"北平国际青年旅舍"开业了。那里的每个角落都伴有初夏的清风与午后的暖阳，随便找一个沙发窝在里面，就能尽情地放空然后静静地睡去。2012年，房东的临时毁约让北平被迫搬进了现在的南锣鼓巷。

塞翁失马，焉知非福，"北平咖啡"成为睫毛送给这个巷子的礼物。从大门口到一进门，四目所见都是鲜花，使得好多路过或进来的人误以为这是一家花店；时常也有住店的外国客人问及老板是法国人吗？店员笑着说是中国人。他们很是惊讶！问他们为什么？他们说：这和他们在巴黎街头的咖啡馆感觉是一样的。

2014年"我的北平花园"精品民宿开业了，在这里，不到200平方米的四合院，保留了青瓦白墙，从空间结构到室内陈设，都用极简线条、色彩、材质进行诠释。并且开辟了屋顶的空中花园和阳光暖房。而大厅和院子被各种绿植覆盖，俨然一个绿幽幽的室内森林。

盛开的天竺葵为北平咖啡增加了生机

喜爱园艺的北平咖啡怎么能少了园艺工具墙

铁艺桌、铁艺椅、铁置物架是花园不可缺少的元素

一壶茶，一本书，一盘水果，在这样鲜花盛开的天台度过一个下午是多么惬意

睫毛定期都会亲手为每家分店插花,让客人每次来到"北平"都能有最好的心情

2015年,"北平北京站"青年旅舍新店开业;2016年,北平咖啡中粮祥云店开业。北平从老板和老板娘,从1个员工到现在的70多位,一步步给过去过北平的人带来生活中的变化。

现在的睫毛,更多人称她为花房姑娘。每年,到全世界去找最美的花,看最美的店是睫毛一定要做的事。她的朋友圈里每天都能看到从她手里凹出造型的花花草草,或做娇地探着花茎,或羞答答地含着花苞,或者妩媚动人向每一位路过的人微笑。她的花不为了卖,只为了客人每次来到北平都能有最好的心情。

睫毛毕业后没有立刻工作,她到各处旅行后,心中有家小店的想法越来越强烈。开了店之后,睫毛说她才知道世界上最难的职业是老板。她说,如果文艺是一个人气质的一部分,生意就是一个人的智慧、勤奋、努力和幸运。

每位路过北平咖啡南锣鼓巷店的人都能从橱窗陈列中感受到睫毛的用心

Q：学播音的你为什么会想到开青年旅舍，然后又开咖啡馆？你当初做这个决定酝酿了多久？什么让你下定决心去做的？

A：来自青海的我，从小就和别的小伙伴不一样，每当春天来临，草原上五颜六色的花绽放的时候，我就特别喜欢不穿鞋子，喜欢光着脚丫肆无忌惮地在草原上奔跑，享受着双脚踩在大地上那种踏实的感觉，累了就躺在草地上看天上的云，草原的宽广给了我无限的想象。别人上大学，选择专业是为了完成梦想，而我选择专业，只是为了工作的时候不穿高跟鞋。

现在想想挺幼稚吧，大学毕业后我没有急着找工作，我想以后的几十年都要工作，我想送给自己一场单纯的旅行作为毕业的礼物。选择做一个背包客去体验生活的各种滋味。我去了云南、西藏、东南亚等地方，一边打工一边旅行，因为刚毕业，不可能用家里的钱去旅行，没有任何积蓄，就选择住青年旅舍的多人间，刚开始会担心不安全，后来发现自己的担心是多余的，青年旅舍氛围很好，不像其他的酒店，所有的客人回到酒店，门一关谁都不认识谁，青年旅舍像一个家，有一个大的客厅给客人看书，还有电脑给客人查询旅行的资料，有自助洗衣房，还可以交到朋友，一起结伴旅行，慢慢地，我对青旅有了很深的感情。

八个月旅行结束，我决定回到北京，开一家青旅，给爱旅行的朋友在北京一个温暖的家。从开始找房子，装修，办理各种证件七个月时间，我的第一家旅舍在2007年3月11号北池子开业，短短的七个月经历了人间的各种冷暖。开咖啡馆是因为第一家青旅的房东要收回房子，我刚好找到了南锣鼓巷这个房子准备把青旅搬过来，南锣鼓巷的房租实在太贵，所有的客房收入还不够支付房租，就这样才把大厅改成了咖啡馆。

Q：最初的咖啡馆是如何构思的？充满鲜花的布置是一开始就定下的基调吗？

A：我在做旅舍或者咖啡馆的时候，早期都是没有任何想法的，是根据房子的结构和特点，一边装修一边想。咖啡馆最初定的主色调是蓝绿色，做家具的师傅油漆刷不出我想要的颜色，只好改为白色。我和油漆师傅一起刷，只有我知道自己想要什么样子，师傅说不通，我的表达师傅没有办法领会。后来自己又用了两天的时间和师傅一起把所有的油漆表面打磨做旧完成了想要的颜色，刷油漆的地方不能有明火，家具厂没有暖气，油漆刷完我的手就生了冻疮。

生活在草原的缘故，我的童年玩伴是大自然的花草和自由散漫的牛羊，没有玩具和巧克力，零食就是草原上各种野果子。草原上视线

北平花园曾被《英国日报》评选为全球最酷最时尚的TOP10旅舍之一

从埃及棉定制床品到三层软压处理的温水,睫毛把客人当成家人般对待

无论是旅舍还是咖啡馆都充满了鲜花和植物

有睫毛的地方怎么能没有花呢？四合院里的精致旅舍，到处都是花花草草，清新雅致

特别宽阔,看得特别远。到北京上学后,看到的都是高楼大厦,还有汽车和红绿灯,这些和我以前的生活很不一样,特别不习惯。

我想,既然不能天天生活在草原上,那就把草原的花搬到店里来吧,让更多的人体会到我心里所感受到的草原的魅力,就这样,无论是我的旅舍还是咖啡馆都是充满鲜花和植物的。我经常说,有睫毛在的地方怎么能没有花呢?

Q:咖啡馆开张后生意如何?目前阶段,你觉得北平咖啡最吸引人的地方是哪里?和你所希望的样子相符吗?

A:很开心的是我们开业第一天生意就很好,这一点我很幸福,要知道每天都有新的咖啡馆开业,在咖啡馆饱和的情况下,我们生意每年都有递增,要感谢喜欢我们咖啡馆的朋友,谢谢大家的支持。

在众多咖啡馆里,我们咖啡馆最吸引人的当然是那些美丽的花朵和美味的食物。我们有比赛获奖的咖啡师,有最好的厨师团队,咖啡馆食材都是每天早晨从新源里菜场采购的,保证客人吃到的食材都是当天采购的最新鲜的。其实无论做什么,不要把赚钱放在第一,用心做出美味的食物给客人才是最重要的。咖啡馆经营已经两年多,和期望的几乎差不多,唯一不足的地方是周末客人多,没有办法照顾到每一个客人。

Q:你的鲜花是多久更新一次?投入的钱很多吧?现在依然看到你在朋友圈经常说,会半夜三四点才打理好花收工回家?

A:夏天的时候,旅舍和咖啡馆鲜花需要一周更换一次,冬天暖气来临之前差不多十天,有暖气最多七天。咖啡馆去年鲜花费用是25万多元,还不包含露台大面积种植的植物。鲜花每天都需要剪根、换水,这样花期才可以长。

我还会把换下来的花再做成干花放在篮子里,因为不舍得扔掉每一朵花。有时候,我可以一整天都在打理花,不觉得这是在工作,和花在一起是我最放松的时候,脑袋里只想着什么样的花搭配什么样的花器,放在什么地方最美。

Q:为扩大生意你做了哪些事情?

A:你可能不相信,从旅舍到咖啡馆,我几乎没有做过任何推广活动,我在这方面是弱项。我就想自己吆喝半天,如果旅舍的房间不干净不舒适,客人来一次就不会再来,有时间不如把旅舍打扫干净,把花园打理漂亮,产品做好了,客人自然就喜欢。

我们旅舍被《英国卫报》评为全球最酷、最时尚的旅舍之一,还是客人从英国把报纸寄过来,我自己都不知道。现在网络营销太厉害了,一个新开的店,通过网络营销一夜之间会让大家都知道,在营销推广上面我需要学习和改变。

VISIT ▶ 北平咖啡

📍 北京市顺义区空港街道安泰大街 6 号院 4 号楼 106
（北平花园餐吧）
📞 010-80474289

📍 北京市东城区南锣鼓巷 113-2（北平咖啡）
📞 010-84039198

📍 北京市东城区南锣鼓巷 113-2（北平国际青年旅舍）
📞 010-84039098

📍 北京市东城区东四北大街汪芝麻胡同甲 28 号
（北平小院青年旅舍）
📞 010-84048787

📍 北京市东城区苏州胡同 2 号楼（北平北京站青年旅舍）
📞 010-65280599

📍 北京市西城区西四南大街小院胡同 15 号（北平花园）
📞 010-66150255

📍 北京市西城区前门煤市街北京坊 W5 号楼 4 层 01 号
（北平花园）
📞 010-63171977

Q：你现在经常往返日本学习花艺，下一步的计划是什么？

A：花是我生活中不可或缺的一部分，已经渗透到身体的每一个细胞里，店里鲜花的摆放是凭我个人的感觉来做的，我没有学习过任何专业的插花技巧。去日本学习花道，就是想了解日式的生活美学，花道是美学的一部分，它尽可能地表现植物本身的美。如果有机会的话，想把学到的日式插花和咖啡不定期地和大家分享。

Q：我知道你事必躬亲，对花草、卫生、食物都有很高的要求，那么你怎么有那么多时间来盯每件事呢？你常见的一天的时间安排是怎样的？

A：我经常都觉得时间不够用，之前一家店的时候不够用，现在店多了更不够用了。时间对于每个人是公平的，我也是一天只有24个小时。店多了管理就要跟得上，否则品质就会下降，我比较幸运，有好的管理团队，我负责他们不擅长的一部分，其余的店内管理有店长负责。

并不想所有时间都在忙工作，我也要和闺蜜约会，做家务，和爱的人一起做饭，不去花市的时候，我大部分时间会六点起床，煮杯咖啡，看半小时的书，做早饭，之后美美地去店里工作。

睫毛为《PCHouse 家居》杂志设计的纯白色圣诞节餐桌

不喜欢人来人往的花房咖啡馆

文　字　函忆
摄影师　何允乐 / JOJO / 张中伟 / 常晓培
图　片　彩咖啡（北京）

彩咖啡创始人：Aya

别人家的花店都希望开在人来人往的地段，Aya却"炒"了房东，找了一个僻静的地方，自己重新设计了一间满是鲜花的咖啡馆。房子的颜色，咖啡的故事，来往的客人，都是自己理想中的样子。所以，当你决定要去做一件情怀之事的时候，别多想，请深情。

　　Aya是我见过的第一个开店，却不喜欢人多的老板。

　　在早些年，鼓楼大街还没那么热闹的时候，Aya总是抱着几本书到Z咖啡馆一待就是一天。那个时候，下午的光斑总是在眼前跳跃，她觉得这才应该是年轻的样子。面对当时又没钱又没情怀的工作，Aya决定要去干一件有情怀的事。有一天，Z咖啡馆旁边的店门玻璃上贴出了一张招租通知，Aya当即打了电话，交了定金。就在完全没什么经验，没什么钱的时候，咖啡馆就准备开张了。想想当年的情景，真有点壮士断腕、初生牛犊英勇揭榜的意思。那一年，是2009年的北京。

　　靠理想和冲动起步的事情在很多人看来是最不靠谱的，其实，很多时候这种状态却是最容易一不小心就成功的。要相信，每个梦想的诞生都是经历了重新认识世界的过程。Aya对生活的认识，关于美好的一部分，很多来自她的老公——一位会讲中文会做菜、跟Aya保持一个调调的日本上班族。在谈恋爱的十年里，他们交换自己错过的那几十年里对生活的理解。他们会在北京胡同里淘到几乎相忘于江湖的

找了僻静的地方，Aya设计了一间满是鲜花的咖啡馆

彩咖啡的花艺沙龙除了花，还有茶和小点心

彩咖啡带有日式风格的食物也是特点之一

游戏盘,也会一起走遍东京街头的每一家咖啡店和花店。所以,大概是这个原因,Aya对自己的店有一个特殊的癖好:不喜欢人来人往。

这是我听过最有"情怀"的老板了。我问Aya,难道有客人不是好事吗?她说,是好事,但不是长情。当时的彩咖啡,在开业1年之后就加入了花的元素,从里到外都蔓延了植物的味道,店门口的台阶上,也被之前的老板装饰成欧式庭院的样子。于是,客人多了,却大多是游客。3年后,房租到期,是时候"躲"起来了。

不小心成了设计师,推倒重建100平方米花房咖啡馆平地而起

找房子这件事对于大多数人来说绝对是让人头疼的事,Aya却早就摩拳擦掌。最首要的原则就是,不要旅游区,不要人太多的地方。搬出60平方米的街边小店,Aya搬到了一个小胡同里,重新盖了一栋房子,100平方米的彩咖啡,让柳暗花明又一村这件事竟然发生在身边。彩咖啡,让人以为这个名字是为了店里的几米阳光。其实,老板说是因为自己太自恋,彩是Aya的名字,也是日文中"Aya"的含义。

为什么说是重新盖了一栋房子呢?拿到房子时,基本上就是《陋室铭》的现代版。Aya推倒了一面墙,改造成了现在咖啡馆的后厨。屋顶替换了之前木质结构,用玻璃在偏南的方位覆盖,玻璃屋顶的正下方就是咖啡馆入口处花房的位置。而屋内所有实木的家具,全部是Aya亲自到工厂直接定的木头,在店里直接电锯开工。彩咖啡店里用的木地板和桌子,都是当时一大块红松木加上施工队的师傅调出来的油漆,有种日本浮世绘的情绪从中散发出来,Aya说,她觉得油漆师傅才真的是艺术家。

虽然那段时间早起跑建材市场,忍着牙疼上火,每天像包工头一样尝试着各种自己从来没干过的事,但一点点看着新店接近自己理想的样子,而且最后装修的费用直接比找装修公司少了至少20万元,Aya觉得自己真的是捡了大便宜。Aya告诉我,这个过程里自己也学到了很多东西,点点滴滴的感受是拿什么都换不来的。当时胡同里另一家设计公司邻居,还特意跑来咨询是哪家做的设计。这种满足感,大概只有阳光落进花房,咖啡弥漫身边的时候,身为店主的Aya才最有感触。

买单的和打工的都有赖着不走的小情怀

说起从咖啡到花的过渡,不是偶然也不经心。在开第一家咖啡馆的时候,Aya就觉得应该有些什么东西让店里更有调调。恰好那个时候认识了自己花艺启蒙的第一位日本老师,定期会来店里教Aya做花。那时候的Aya对中国的花艺行业一无所知,听老师说花市每天凌晨3点就开门了,她就干脆不睡觉,3点直接到北京花市去买花,去了几次之后才知道早上

彩咖啡的夏天和风花艺课程

五六点来就可以了。

　　一段时间之后，Aya开始在店里做花艺沙龙。刚开始还需要老师全程视频指导，直到有一天老师说，你已经可以自己完成了，你没问题。那时候，Aya才把自己的花艺沙龙提上日程。

　　Aya的花艺沙龙每次三四百的价格，还提供店里的咖啡和小点心，并不算贵。其实这也是为了符合她当初开店的初衷，不希望人多，希望有些花来作为陪伴，一切都是为了让到这里的客人可以觉得很舒服，就可以了。

　　彩咖啡的店里，除了一进门的鲜花陈列区以外，墙上、桌子上、窗台上，都有意无意摆着鲜花或者干花。每个周末，彩咖啡都会有消费满百送小花束的活动。Aya觉得，如果单纯把花当作商品，太刻意，她不喜欢，美好的事物应该提供给发现美的客人。

　　正如Aya期待的那样，常来彩咖啡的客人慢慢都成了她的朋友。有位客人在每次花艺沙龙时，都会来店里帮忙拍照。一次两次不算什么，一拍就是连续几年的时间。店里还有一位从上大学就在店里打工的姑娘，也许那个时候到咖啡馆帮忙是一个很时髦的事。不过，毕业以后，只要有时间，姑娘还会回到彩咖啡帮着Aya打理些琐事。姑娘设计专业出身，闲暇时间还会帮忙给店里做海报，用水彩画下了这里的植物，一直被Aya裱在画框里，放在彩咖啡的一些角落做装饰。

　　Aya说，之前有人说她是玩情怀，还说，玩情怀的都死了，你为什么还活着。Aya说，自己对于做生意这件事完全没有概念，一切以最舒服的状态为主。自己平时除了做咖啡，做花，也会多多少少接一些婚礼，几千一万的，不看价格，一切以自己的时间和项目风格为主。不开玩笑地说，这绝对是标准情怀店主的典型风格。今年，Aya已经是还有不到两月就临产的宝宝妈妈了，所以，彩咖啡也会为了新的生命做出自己的改变。

Aya 和先生岩崎龍児

彩咖啡店里所有的实木家具,全部是 Aya 亲自到工厂直接定的木头做的

 VISIT ▶ 彩咖啡　📍 北京市西城区鼓楼大街铸钟胡同 60 号
📞 010-64070252　@ 彩咖啡 colores_cafe

树里工作室的花艺课程

花 × 摄影

PART 4　Flower Photography

树里工作室 Sulywork 你来找我拍照我来给你私花
Phlower Studio 织地星网红的人，都不明白她的花她的摄影她的她眼先生都是实力派

树里的花艺课程布置

你来找我拍照 我来给你做花

文字 函忆
图片 树里工作室 Sulywork（四川·成都）

成都，有一个风格简单的工作室。因为老板喜欢给来拍照的人做花，于是慢慢就从摄影开始，变成了既有摄影又有花艺的工作室。她定义自己的工作室是杂货铺，称自己是自然杂货铺风格的摄影界的花艺师。预约制，做喜欢的花，拍喜欢的人，看上去是典型只要情怀不要钱的玩家。但是，看了她的作品，相信你会没有理由地爱上她。

在2016年12月31日，发了一条微博，她是这样说的：

"今年自己做了很多果断的决定，工作室也稳定下来，给家里添置了新的家具，日子有了很多改变。明年有很多新的计划，还要设计自己未来的花园新宅，一定会发生好多开心的事。所以，2016的最后一天，好好地待在家里，逗猫做饭，打扫卫生，毕竟，与家相处的时光最美。"

"我叫陈皓，不是男生喔。"

她对于自己工作室的定位，就像这一句打招呼的话一样那么简单漂亮。但是一般越是简单的事情，就越不简单。

就像她的微博名字unspeakable一样，一般越是话少的姑娘，脑子里越多天马行空的想法，不会安于一眼望到头的日子一样。unspeakable的意思是沉默不语、无法言喻，是陈皓喜欢的日本乐队 every little thing 的一首歌名。下面，就用这个名字来称呼她。

大学毕业后本来可以老实在学校里"养老"，但unspeakable还是坚持辞去大学的工作，做起了独立摄影和设计的工作。2013年，她就开始筹备工作室，中间遇到了一些小插曲，原计划suddenly graden树里花园多肉工作室因小伙伴个人原因而未果，险些放弃创业，还好2014年遇见了花艺这件事，就一发不可收拾地忘了旧爱拥抱新生。

树里，不期而遇

虽然之前的多肉工作室流产了，但是"树里"的名字还是留了下来。与树里发音接近的suly其实就是suddenly的缩写。所以，树里工作室Sulywork，就是生命中的不期而遇。

在2015年3月，unspeakable决定将自己喜欢的摄影与花艺结合到一起。想做更多有意思的事，做一个多样化的工作室。这位姑娘围绕自然系摄影和花艺为主，同时也将自己擅长的设计与手工，展现在工作室的每一个角落里。她决定将suddenly garden作为工作室的一个重要分支，把喜欢的花分享给大家，慢慢开始有专门上门订花的业务，做起了花艺课程。自然风格鲜明，价格不贵，来上课还能拍照，何乐不为？

而作为一名摄影师，这位姑娘喜欢捕捉生活中细微之处。我们常常喜欢把看到的东西不自觉地定义和分类，不过，她说，自然地记录，就是她自己拍摄的风格，只要传递最真实的情感，就感觉一切都很美好。

在unspeakable的作品里，你会看到她在大自然中捕捉到的光影，也许是森林里的树缝间遗漏的一束光。还有恋人之间的日常，比如跑过街角后突然的拥抱，这些感情在无意间的爆发。屋子里，骄纵的猫咪，在桌角边柜间轻盈地躲过障碍物，依靠墙边用力地舔着毛，或者盯着你。这些，都会被定格。

自然杂货铺风格，从没听过，却在这里遇见

大房子总是卖不出去，大家也越来越喜

树里工作室,suly 是 suddenly 的缩写,Sulywork,就是生命中的不期而遇

陈皓将自己擅长的设计和手工,展现在了工作室的每个角落里

随性的花艺教学,树里想把美分享给大家

2016 圣诞餐桌布置

树里工作室,一种带有日本感觉的自然杂货铺风格

欢在小房子里填满自己的故事。必不可少的植物,冰箱上贴满的拍立得照片,还有全世界搜罗来的小饰品,外面的世界太大,我们不需要打肿脸充胖子再让自己为难什么。这种心里的潜意识,更适合体现在创作者的作品里。

unspeakable评价自己的作品,一种带有日本感觉的自然杂货铺风格。无论是家里还是工作室,那种被生活细节填满的充实,让生活这一件本身平淡无奇的事情变得别有格调。看她的作品,无论是一些家居的摆设,还是花花草草的摆弄,你不会觉得有一些人为的痕迹,就像相机快门不小心按下时的瞬间。人物的笑脸,花头的垂落,猫咪漫步的尾巴,你仿佛真的看到一间杂货铺,可以消除一切忧愁。

unspeakable是典型的什么事情不亲力亲为就会睡不着的那种。有人觉得创业的过程太追求完美会赚不到钱,不过,不就是因为有那么多没有把钱作为首要目的的创作,才能留下那么多美好的事物吗?陈皓说,树里存在的意义就在于"无论你是谁,在树里的镜头里,都一样重要。"

"我不可能一点都不想赚钱,因为我需要钱来养活我的工作室呀。但是我很清楚我不可能把钱放在第一位。可能很多摄影师希望通过工作室去创造让人羡慕的生活,越来越多从事花艺的人也希望通过花去变成与众不同的人。这些想法我都特别认可,我也有自己想做的事,比如我想拍出更好的照片,做好每一束值得被生活所记录的花。"

unspeakable会亲自为来树里拍摄照片的人做一束只属于他们自己的花,认真打理工作室的每一个角落。她说,挥霍与珍惜,看起来是毫不相关的反义词,但是她觉得因为挥霍所以珍惜,因为珍惜才能挥霍。她说她大概是在挥霍自己的每一天,去珍惜想珍惜的一切。

树里工作室的婚礼摄影

自然的记录是树里的拍摄风格

树里摄影作品里,人物的情绪通过画面就能感受到

树里的摄影一直传递着最真实的情感

在树里的作品里,有她在大自然中捕捉到的光影

 VISIT ▶ 树里工作室 Sulywork　📍四川省成都市武侯区大悦城旁太平园横一街新界
📞 15928053171　 @树里工作室

说她是网红的人，
都不明白她的花她的摄影她的
咖啡先生都是实力派

文　字　函忆
图　片　Phlower Studio（上海）

Phlower Studio 的创始人王小爆，被一篇采访誉为：如今茫茫网络大海之中，为数不多的不靠颜值，更不卖弄情怀、不撒鸡汤的"超级网红"。

两个微博累积11W＋的粉丝，手捧做得超美的小爆，其实是一位专攻胶片摄影的摄影师。说小爆是网红，是因为她并不是我们惯性思维中单靠颜值或者噱头，然后眨巴眨巴眼睛一半是情怀一半是鸡汤的自媒体人。她最吸引人的时候，是一边开着玩笑说自己喜欢上了花，见谁让谁给投资花店，一边一个人开了店，创立了Phlower Studio这个品牌。那时候这个被评价为"上海最难订到花的花店"，其实是因为只有小爆一个人没日没夜的工作，真是忙不过来而已。白天她是扛灯按快门的摄影师，晚上她是抚慰人类灵魂的花艺师。那时候开店，做花只是她的一部分工作，想要保证每一束都私人定制，就只有限量这个方法。谁让当时这个完全没学过花艺的人，每束花都甩上海某大牌花店好几条街呢。

说起怎么想到要做花，都是旅行惹的祸。台湾文案女王李欣频曾经在她的一本书里提到过关于"深度游"这件事，在一个地方走游客不会走的路，按当地人的习惯去生活，用你自己的阅历去感知另一个世界是一种非常奇妙的体验，也往往因为这样的旅行，可能会改变我们人生固有的路线。而旅行这件事，在小爆不同的人生阶段，都扮演了不同的角色。

小爆绝对是不合格的旅客，因为她的路线完全巧妙地避开了所有景点。经常一趟半个月的旅行，只做泡咖啡馆、逛杂货店、家居店、古着店、器物店这些事儿，当然，她也发现了好多美好到不敢让人相信的人和地方。王小爆说："要相信日剧和电影里的梦，原来很多梦是真的存在的！"

不过千万不要以为小爆一定是什么不用上班的富二代，像那种活在朋友圈里的人一样。小爆在做花之前，每个月都会在各地飞来

王小爆在英国买花材做了美美的花,拿胶片记录了下来

王小爆的胶片旅拍作品。摄影师的眼睛看见了美好的东西,就自动对焦

飞去，在旅行中拍摄作品也积累积蓄。小爆有句经典台词就是：终于知道旅行的意义是什么了——赚钱的动力！

对，接着说为什么开始接触花。其实，很多花艺师都会不定期与摄影师合作，优质的内容需要鲜花来置景进行拍摄。小爆在世界各地的旅行中时常会带回不少小型的家居饰品，常年在国外耳濡目染自然也明白植物在环境中的重要。摄影师的眼睛看见了美好的东西，就自动聚焦。每次帮情侣们拍摄时，小爆都会满上海找花店去达到最好的效果，数次无果后，她发现干脆不如自己撸起袖子来得干脆。

就这样，摄影师私人定制的花艺作品不知不觉已经布满了小爆那个阶段的所有胶片。渐渐的，小爆当时的新家，除了全世界淘来各种宝贝之外，还有鲜花和绿植。也是在那个时候，Photo＋Flower这份事业成为了小爆除了相机之外再也放不下的事。

王小爆是典型的天蝎座，即便内心柔软地被践踏了无数次，外表也要铁血冷面，独立要强的她不在乎是不是经常被人定义为毒舌和腹黑，因为在很多时候小爆心中的完美主义只有她自己知道，她就是要，必须要。每当你看到她如此执着的表情，你就明白了，不必多问。

不过，我想有人还是懂她的。2015年，自认为"此生终将放荡不羁"的小爆遇到了他，老王，一个帅气阳光的咖啡师。于是，以后旅行中泡咖啡馆这件事，每次都被提到重要的日程上。还有就是，小爆又多了一位模特，多了这样一个人，虽然她并不以为自己需要，却总是可以当不羁的人生稍稍遭遇坎坷时，有人在他身边说着并不肉麻，却全是陪伴和鼓励的话。小爆常常在微博上自黑这位身边人，但果然水逆的人生总能走到顺势而为的拐点。

现在Phlower的工作室，除了像之前一样，拍照、做花、旅行、再拍照、再做花之外，小爆也开始研究起自己品牌的创意产品。那些北欧的家居，那些为了拍照每次跟着小爆出去旅行的情侣，还有买不完的咖啡机，随着新的开始一点点氤氲升温。

最后，一段来自小爆微博的自述：

这一年经历了工作室再次搬家，暂停了实体店，拒绝了社交和各种媒体，也很少发照

Phlower Studio 工作室除了鲜花绿植还有王小爆从世界各地淘来的宝贝

Phlower Studio 定制的工作围裙

片，对国内实体店失望之后也不再去频繁逛店。当然因为工作室的各种事宜也几乎没有了所谓的 Life Style。但和前几年不一样，这一年和旅行、工作、家人做伴，看起来很简单，但把剩余的时间都交给了家人也依然很充实。如果要问我人生中最骄傲的是什么，那可能就是我最可爱的父母。这一年还鼓起勇气养了 Buddy，但还是很想念 Ollie。工作上真的很忙，但这个工作室却让我得到了成就感和快乐。2016 年的最后一周我摔了很大一跤受了点伤，脚滑摔下楼梯，当时刚忙完圣诞，整个人好像都发泄完了，前一天手机失灵重新刷机，所有的图片都没有了，这一周重感冒，我把这些都归到了水逆，但和以前想法不一样了，至少没有摔断骨也不需要花钱再买个手机，这样想也就过去了。本来忘记要最后一天了，今天下午忙完看到有人在说才想起来，屋子里摩羯座还在赶新年礼盒的设计，我刚拍完所有要拍的照片，去年很多人一起过，今年小伙伴们有的找到了新梦想，有的被家里人劝说回了老家，工作室的人越来越少，显得有点冷清，就和节日一样，都在为别人忙乎，但还是感谢有这么一个地方，让我实现了梦想。许多朋友见面少了，但都在心里。新的一年，继续任性吧。

VISIT ▶ Phlower Studio 📍 上海市
📞 15601776702   PhlowerStudio

R SOCIETY 玫瑰学会のFloral Art

花 × 沙龙

PART 5
Flower Salon

仙女花店 南京最有名的花店＆花艺培训，原来是个媒体人的"好内容"

R SOCIETY 玫瑰学会
别人不懂我的鬼马背后的专注，只有你懂我从小到老

一朵小院 跟生活相关的事情都在她的课堂

One Day 左手商业右手情怀的花艺品牌

fairy garden

文　字　函忆
图　片　仙女花店（江苏·南京）

南京最有名的花店 & 花艺培训，原来是个媒体人的『好内容』

曾经在南京最核心的商业地段，一间40平方米的花店成为当地生活品质的代言，现在一间700平方米的花艺培训学校，成为当地人的审美风向标。南京仙女花店，走过4年的初创，从创始人到每一位花艺设计师，对于自己现在和未来要做的事情都无比笃定，且在发展中遇见崭新的模式。

周舟の仙女花店

周舟，她和大多数人一样，因为兴趣和机缘巧合与花艺结缘，而又不由自主地投身进去；她又和大多数花艺师不太一样，曾经的行业背景与经历让周舟将自己定位于一个注定要做些不平凡之事的花艺师。周舟说，当她们在花艺行业中开始自己的事业时，好像找到了宇宙的中心。

周舟将人生中18年的时间贡献给了电视荧幕，在江苏卫视担任主持人，曾经获得电视主持界最高奖项"金话筒"奖的她，如今即使褪去荣光却丝毫不减聚光灯下的风采。对于现代女性的最高褒奖不外乎家庭与事业的齐头并进，而这两点在周舟的身上都有所体现。

周舟在离开江苏卫视多年后找到了自己下一站的起点。仙女花店Fairy Garden在2013年9月正式开业，两年，仙女花店从一家不起眼的小店发展成为南京的美学地标；再两年，成为生活家们的美学地标，其中辛劳自不用赘述，而所得的满足感与价值的实现却是旁人不曾感受到的。

只要你懂得表达，"自媒体"让你拥有最好的时代

谈及对自己花店品牌的营销推广，周舟并没有以自己是媒体出身而打造"看上去很美"的"媒体印象"，而凡事亲力亲为，用最用心的设计和最贴近客户需求的理念尽力

把眼下的事做到最好。

如果说媒体出身有什么优势，周舟谈及自己最擅长的事情就是懂得表达，在情绪的拿捏上是她的强项。"花艺作品在很多时候扮演的是传情达意的角色，作品需要与拥有它的人具备同样的灵性才能打动客户。"

拥有近二十年文字、主持、图片、制片等媒体经验的周舟，说起目前人们最担心的营销和推广这回事她倒感叹大家遇上了好时候。"在十年前，如果想做一个电视广告谈何容易。而现在人人都是一个自媒体，你需要做的就是去打动客户，让你的客户帮助你去转发、刷屏、传播。"

没有不竞争的市场，不做第一，争做第二

做一个领导者并不是容易的事，何况是当一个女人带领团队领跑在市场的前线。"没有竞争的市场就称不上市场，良性的竞争一定是合理的。准确的定位对于市场来说尤其重要，然而不要一直争当第一，适当占据第二的位置。"

周舟"不做第一，争当第二"的理论着实勾起人的兴趣。她谈到，当别人视你为第一时就意味着你要付出更多的辛苦，对行业承担更多的责任，你的一举一动都会成为所有人的焦点。而在发展并不稳定的时候，第二名的位置是成本最低、效率最高的。如同马拉松比赛，可以在第二的位置实时观察对手，一旦前方快要"阵亡"的时候你就冲刺晋级。

其实，当我们谈及排名的时候，我们实际上是在谈自身的定位。在初期的时候，周舟同样遭遇了最忙、最累、最乱、最想放弃的阶段，"要不关门，要不做大"的选择让她陷入两难。也正是此时，她遇到了现在仙女花店的设计师Ken，拥有将近二十年花艺设计经验的Ken把自己的技术与团队带进了仙女花店，强强联手让周舟坚定了后者的选择。

与周舟聊天的过程同大多花艺师相比有种很明显的不同。也许是因为媒体人出身，在周舟身上少了几分娇花照水的娴静，多了些行业社会责任感的担当。刚从柏林回国时，周舟深感中国的花艺行业现状并不理想。当传统行业进入转型的洪流时，需要一个核心带动整个产业的发展。那么，究竟怎样才能带动和引领？

大家眼中的转型，其实是希望为行业做更多的事

如果你几年前就认识仙女花店，看到从新街口的门店到这个零售与培训相结合的700平方米大房子，你的脑海中肯定会出现"转型成功"四个字。

不过，周舟本人并不觉得仙女花店是在什么时间突然在商业计划中加了培训这一项。在你认真做好手头上的事的时候，自然会有新的发现和思考。在仙女花店经营两年多的时候，周舟开始对店里的员工进行系统的培训，出于对团队与行业的负责，让大家随时接触最新最好的培训变得迫不及待。当仙女花店的公共平台开始分享培训心得的时候，同样他们的作品与课程也被圈内的职业花艺师所关注。

仙女花店的培训课程虽然开设不久，但已经拥有相对系统的架构。主要的课程模块分为两部分，针对爱好者的沙龙兴趣课与针对职业花艺师的专业课程，其中，专业课程又从初级到高级分成三个级别。周舟本人也对日本花道小原流有多年的研究，所以也将

仙女花店创始人：周舟

仙女花店的插花，清新又自然

小原流的课程引进了仙女花店的培训当中，在很多人盲目追求花艺技法的时候，在中国市场将东西方文化做了一个完美结合。周舟说，培训花艺师，是对终端市场的负责；培训普通人，是对整个社会审美的提升。

初看，仙女花店的课程很全面，再想，众口难调，越是想满足所有人的胃口就越是给自己出难题。所以，仙女花店也会给花艺师们准备摄影课程等一系列与花艺设计周边的培训，同时也会不时给大家开个小灶。周舟说，因为她自己一路亲身感受过创业的磕磕绊绊，比如进货渠道、图片使用、营销形式、花量耗材等一系列问题她也会在课程中分享给来上课的学生，让大家少走一些弯路，行业就能发展得更快更好。所谓育人，同样也在教育圈子。

做了培训，零售反而更不能放手

很多花店在做培训时，会把自己的主营业务集中在招生及授课上。而在这一点上，仙女花店反而在做培训的同时，更加看重自己每一件零售产品的设计，把零售与培训进行了完美的过渡与结合。

首先，仙女花店针对爱好者们开设的沙龙课程，其第一批学生正是来自那些常常到店购买花束礼品的零售客户。被美好的事物熏陶久了，自然自己也想做一些美美的事。既然客户有需求，简单的沙龙就是最适合这部分首先关注到鲜花的大众人群的兴趣课。

其次，在仙女花店学习专业花艺课程的学生，则会更加关注这个品牌零售产品的设计，是否能够代表这一阶段同行业中的最高水准，如此一来，才能放心把自己提升设计能力的期待寄托在这里。

现阶段的仙女花店，被市场给予了更多的期待。一朝踏入培训这个行业，就一辈子都被戴着教育者的光环。做的事，培养的学生，引领的设计，都是一个教育行业从业者之所以可以被称呼一句老师的原因。周舟告诉我，其实最开始只想开一家花店，做一些让自己自娱自乐的事。没想到在品牌发展过程中，遇到了新的拐点。现在依然可以保持零售的业务，并且与培训部分相互支持，想想看还是遵循了自己的初心。唯一没想到的，就是培训的工作量超过了团队的预期，目前，仙女花店也正在有一批新的队伍迅速地成长起来。

满满都是鲜花的仙女花店

仙女花店的宴会花艺设计课程作品

周舟说,培训花艺师,是对终端市场的负责;培训普通人,是对整个社会审美的提升

切开的水果也可以成为花艺设计的一部分

根据2017年流行色设计的花

 VISIT ▶ 仙女花店　📍江苏省南京市鼓楼区浦江路26号浦江大厦一楼仙女花店
📞 025-86888882　 周舟的仙女花店

别人不懂我的鬼马背后的专注，
只有你陪我从小到老

文　字　函忆
摄影师　大人爸爸\R SOCIETY 玫瑰学会
图　片　R SOCIETY 玫瑰学会　（江苏·宜兴）

她们是宜兴最美的花店，开车一天能到的城市都有她们的粉丝。都说双胞胎之间有不可言说的默契，但是能一起把做生意这件事配合得如此默契的Twins还是第一次见。

小姑娘到了大城市的故事几乎每天都在上演，而两姐妹在小城里把一件喜欢的事做得让中国大多数与她们同龄的姑娘们都羡慕得不要不要的，并不是时有发生。宜兴，江苏一个不大的城市，大概逛街的地方都是可以掰着指头数出来的，而偏偏有家花店，但凡多少关注些生活之美的人，这家花店在他们心里都是独一无二不可替代的，这家店叫R Society玫瑰学会，一对姐妹是它的主人，姐姐叫文蓉，妹妹叫文萱。

先抛开花店不说，文蓉和文萱大概是我见过关系最好的姐妹了。不说别的，单说一起创业就不是件容易的事。她们很少因为店里的事情发生争执，基本都是一拍即合。姐姐说，同行里还是很多人羡慕她和妹妹这种状态的，毕竟开花店不是一个人可以忙得过来的，又很少有合伙人之间有她们这样的默契。

我想，这种默契，在二十多年前当她们呱呱坠地时，大概连她们的父母也不会想到，当时两个看上去貌不惊人，哭声震天的娃娃可以长成如今颜值担当、技能加持的花店老板，不仅让自己的生活过成了别人羡慕的样子，还让整个城市都知道有R Society这两位美女掌柜。

R Society 的两位美女掌柜：文蓉和文萱

有默契,当然也有分工

在每个值得买花的日子,R Society总能被周围上百公里外开车来的粉丝们围攻买花。暗黑花束是店里的经典款,不过每年情人节的时候R Society只会做20束限量款,一是担心订单太多忙不过来,二是情人节附近,花材的质量也不会从头到尾都一直有保障。

在玫瑰学会成立的几年中,姐姐在大家眼里都扮演着一个背后默默支持者的角色。花艺课啊,花艺沙龙啊,我们在镜头里面看到的大多数都是妹妹的身影(虽然姐妹长得几乎分不出来)。而姐姐大部分的时间,对花店各种与品牌相关的事务关注得事无巨细。

姐姐说,从小所有的坏事都是她做的,妹妹是一个常常不问世事的人,有时候在家做做饭,没有对什么事情特别有过热情。一切的变化,从她们开始接触花的那天开始。

姐妹两人对花的喜欢让她们成为城市里最美丽又最善良的姑娘。她们曾经帮人举办过一次让人难忘的求婚,大家称她们是带来幸福的天使。不过,随着花店的事务渐渐繁忙起来,她们也开始接触到了管理和运营的琐事。

除了花,玫瑰学会还有咖啡提供给顾客

玫瑰学会的花店摆满了花,精心的陈列设计便于顾客挑选

乡野、自然是文蓉、文萱从小就喜欢的。两姐妹以此为素材拍了很多写真

玫瑰学会在斯里兰卡采撷当地的花材用架构的手法做了一顶花冠

文甄在斯里兰卡加勒的大房子里就地取材做了手捧

一切都是最好的安排

很多事情在我们意料之外，但不见得结果不理想。比如，就在姐妹俩打算一起去北京学花艺的时候，姐姐突然发现自己有了宝宝。姐姐说，自打妹妹从北京回来以后，花做得越来越好了，看着从小一起长大的另一个自己，终于找到一件事可以如此专注，姐姐觉得哪怕是在背后看看她也是一件美事。于是，姐姐就开始运营R Society玫瑰学会的社交媒体，开始帮妹妹寻觅更好的学习机会，也试着打理店里的一切。

现在的R Society玫瑰学会，除了花艺课、沙龙、摄影课，也在不断开发新的业务，为这座城市和周围爱美的生活家们寻找新的有趣的事。

正如R Society微博上的一句话，你必须内心丰富，才能摆脱生活本身的相似。其实，长大以后的我们，就是变大的孩子，孩子的内心当然渴望无限的可能。

VISIT ▶ R SOCIETY 玫瑰学会

📍 江苏省宜兴市中星湖滨城 C 区湖滨尊园东大门北侧 R SOCIETY

📞 18800525177    RSociety 玫瑰学会

跟生活相关的事情
都在她的课堂

文字 函忆
摄影师 王高兴／一朵小院
图片 一朵小院（北京）

最早一批致力于花艺课堂的人，最早一批在胡同里开花店的人。一个自称小时候不会画画不懂艺术没有天分却特别能折腾的人，一个水瓶座上升天蝎座的过分执拗的可爱女人。跟花植相关的事，她玩好一样就换一样。

一朵小院创始人：小院

还在上学的时候，小院就喜欢翻看各种跟植物和家居相关的杂志，虽然学的是金融专业，但一点也没有耽误她将兴趣浸染至生活中各种有趣的事物上。从小就捧在手里不放的一本杂志，就在小院创业不久之后，因为自己的花艺活动吸引了这本杂志的主编。那时候的她可能做梦也想不到长大后会跟自己的女神成为朋友，住在她家的院子里，与她一起谈天说地，连现在"一朵小院"的店都是这位主编的老公亲自操持的室内设计。念念不忘的回响，大概就是这个样子。

"一朵小院"算是北京最早开始流行在胡同里开店的那批人中的一个。小院本人的想法很简单，就是有个接地气的地方就行。从2012年创业开始，到今年第三个"小院"，从花艺课堂到现在由花围绕的生活方式，"一朵小院"俨然成为了一个让喜欢她的人爱不释手的陪伴。小院的品牌不仅是她个人对花艺理解的代言，"做有趣的事，带花回家，让生活更有趣。"小院说，这是她一直在坚持做的事。

在这之前，小院同样是跟很多做花的人一样，从一间写字楼里的工作室开始。既然要做些不一样的事，那么最难的环节就在于首先要有一批跟你同样认可这件事的同类。在小院寻找同类的阶段，虽然只有短短几年，但那是一个没有几个人听说过"插花"这个词的时代。那时候的小院，最重要的事情就是先把手里的花做好，然后邀请更多的人加入这个阵营里。

渐渐地，写字楼的工作室终于装不下一场花艺沙龙。

我问小院，在最艰难坚持不下去的时候，没想过放弃吗？其实，如果我提前知道小院是水瓶座上升天蝎座的话，我大概能猜到答案，根本不用自讨没趣。她用平时讲课时温柔中带白砂糖的声音告诉我，我没有坚持不下去的时候呀。

原来，在小院看来，结束一件事，意味着有好的结果，不然她是不会放弃的。

在小院开始有了实体之后，业务随之进一步扩大，花艺沙龙也开始走出教室，走进早晨可以看到太阳从云里升起的云峰山；对生活的细微体验也不仅限于鲜花，可能是去景德镇做个瓷器，可能是下午茶时间烤一块司康，也可能约一场胶片摄影的派对。每次都有来自不同职业不同生活背景的人参加小院的生活课堂，小院说，其实不是自己做了什么，是花本身就能让人改变，更加包容，所以让更多人愿意选择生活的另一种可能。

小院说，经过这几年的创业时光，在她心底逐渐变得越来越深刻的不是在日新月异的市场中抓住每一次机遇，而是对这个行业的尊重与敬畏。被朋友问起创业的"花龄"，总是感慨4年多时光眨眼匆匆。的确，新的变化发展和大品牌的接连出现，为花艺行业注入新鲜的血液，让消费者和参与者看到熠熠发光的希望。然而，作为这个行业的"老人"之一，小院认为我们还都很年轻，这份事业远远比你期

阳光明媚，一朵小院的一切都那么温暖

一朵小院每周都有与美好生活相关的体验

待中有着更多的挑战。在小院心里,花艺属于艺术的一部分,如果用"艺术"二字来衡量,4年的时间少之又少。这份有爱的事业,也许因为倾注了太多的"爱",所以也承载了更多的责任。好的模式、教育,优秀的花店、花艺师,所有的一切都还有很多可以努力的空间。所以,小院在采访时好几次不经意地提到,她希望与同行们一起把这份事业做得更好,也让真正的美好走入每一个人的心里。于是,她也在未来到来之前,开始了新的规划。

这几年鲜花和绿植对于人们生活空间的影响渗透在生活的各个方面。我们常常在各种杂志媒体上看到让人眼前一亮的绿植空间,好像放肆了植物的生长,在一间白色的房子里成为建筑的一部分。然而,无论是北欧的小清新,还是美式的自然田园,当我们对一种现象过渡消费之后,再好的东西也会变得无味。

就在大家已经对"看"这件事厌倦的时候,小院竟然打算让大家住进"植物森林"里。换到第三家店的时候,小院已经有了相对成熟的商业模式。除了从初级到高级的花艺课堂之外,不定期的手作生活方式课程也更加丰

亲手种一盆香草摆在厨房，烹饪时随用随取，让厨房充满幸福的迷迭香气息

萌萌的苔藓球，摆在碗里是非常好的房间装饰

秋千是一朵小院的特色

植物课堂上大家动手栽种出自己喜欢的"花园"

绿植环绕的一朵小院

提供香浓咖啡、新鲜茶点的一朵小院厨房

富,知名设计师亲自设计到施工的小院生活馆,从每一个小细节中透露品质和专业。还时常有些明星,在小院最爱的落地玻璃墙边,躲在植物里拍照。除此之外,2017年的计划,小院打算把店里辟出一半的空间,改造成花房主题的Airbnb,让存在于图片里的花植空间成为你可以仰天大睡的森林。

小院说,这个空间里会尽可能设计得像家一样,有温暖的壁炉,有大大的投影,有漂亮的植物和鲜花。住在这里,从晨起的早餐到落日后的余晖,都是此生难得的光景。

在接下来的日子里,小院会更加关注花和植物本身,分享给更多的人。一朵小院也许不再只是一家有调性的店,它将走进社区、写字楼,每一家"一朵小院"都会欢迎大家随时到店制作。也许设计不仅限于花艺和空间本身,小院也会涉及花园和整体植物的设计。

我说,你真是一个有才华能折腾不怕累的人。

小院说,首先,小时候不会画画不懂艺术天赋后生,其次,老天允许你跟鲜花这么美好的事物一起相处,你还有资格抱怨累嘛?

……

 VISIC ▶ 一朵小院 📍 北京市西城区大石碑胡同 22 号
📞 15311440487 🅦 一朵小院

左手商业右手情怀的花艺品牌

文字 函忆
图片 One Day（福建·福州）

一般开花店这件事，基本上是先有梦想，再去开店。而兴趣主导的生意，就容易变成情怀与现实的对抗。Sam 则是先成为了一个商人，再去做花。这就是，有了实现梦想的能力，再去想，这才距离人生赢家可以更进一步。一年时间 4 家花店，营业目标超额完成，今天的 Sam 又开始做起了关于「品牌」的事。

王尔德说，浪漫的本质就是不确定性。

等等，关于本篇主人公做的这件事是不是浪漫暂且不提。他，养过10w+的金毛，狗狗的粉丝之一是他现在的老婆；前后试水10个行业，放着大房子不住到郊区和喜欢的姑娘租房养狗；碾压过法国，辗转过韩国，常驻过北京；横扫过茶庄，奔走过房地产，支过高端服饰的摊子，人称33岁的疯子，却是位高端婚礼钦点的婚礼规划师；现在，不到一年开了4家花店。眼前俨然是位福建浪子加富二代的颜值，实际上是个经得起打磨考验的成功商人。

不到一年，4家店，亲自培训、设计、加盟，看看这位花间"极品"是如何做到的。此时此刻第四家店还在装修中，当此书出版时，也许已经有了第五、第六……

多家店广撒网，是件很有风险的事，品质与营业额都被推到悬崖边上。这也是为什么Sam很值得让人点赞的一点，作为老板，他对商业模式的合理规划让他自己、客户、合作伙伴都在同样程度上利益最大化。只用一年，总部培训业务稳定，学生数量比预期增加一倍；成熟店铺的零售业务月营业额基本都是3万元起，有家新店还没正式开业，现在平均每天业绩3000～5000元，某天，这家店甚至达到了日营业额近3万的奇迹。啧啧，我们往下看。

我的东西可以做得调性高，但价格一定不能高

让更多的人可以买到有更多设计感的花，而不是追求昂贵的进口花。Sam很聪明也很用心的是，花店的价格定位中低端，要求花艺师做高端。我说很多人一旦创业，别的不说，只知道要做高端，你怎么这么奇怪？"然后最后妥协了对不对？"Sam积极地"打断"我。当品牌成长到一定程度以后，我可以分一个子品牌出来专门做高端，总比以后让人家觉得我眼高手低好得多。Sam说，因为消费者都期待拿到手的东西比实际付的钱要高。

做市场，做客服，做销售，当老板就是什么都要做

因为我们刚开始鲜花技术不到位，我老婆一天只能做两束花。所以我自己做客服，就鼓励客人多买永生花。永生花在福州起初并不知名，没想到姑娘们倒觉得这是新鲜东西，就像买包包一样，One Day的小兔子Logo也成为当地人追赶的潮流。

到现在为止，拒绝外来花艺师

这其中有一个小故事。开始做花第一年的情人节，一个节日卖了十几万。因为Sam和老婆当时都不懂如何做花，就请了十几位自由花艺师来帮忙。最后，Sam选择了两位留在店里工作。没想到，"技术真空"成为当时制约Sam发展的元素。于是，Sam与当时两位花艺师好聚好散，自己跟老婆收拾行李开始了世界各地求学的经历。到现在为止，无论是他自己的店，还是加盟的店，Sam都要求店主本人也必须是花艺师，绝不外聘。

硕大的仙人掌和仙人球是门店最好的装饰

手绘的背景墙让 One Day 艺术感十足

One Day 福清分店

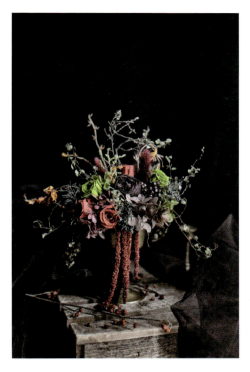

One Day 创始人：Sam&Vicky 夫妇

One Day 专门准备了鲜花浴缸为爱拍照的姑娘们

没有手艺,心是虚的

刚刚离开了有花艺师的日子,老婆学成归来也需要一点点磨练。起初她一天包一束到两束,持续了一个多月。订单越积越多,眼看着钱就是装不进口袋里。谁知,做得少而精却有了反效果,大家觉得One Day生意太好,很大牌,需要提前订花才行。虽然无心插柳的饥饿销售让Sam攥了一手心汗,但Sam还是认识到学习的重要性与核心技术对于创业者的意义。这大概也是他今天可以把One Day自己的花艺课开得如此火爆的原因。

关于第一次自己找老师一对一学习花艺,Sam有一种心得要分享,那就是一定要做差异化。他说很庆幸的是,开了花店以后,没有一个人做的花店跟他的相似。

加盟?我们什么都没有,你太冲动了

对于Sam来说,好像一波未平一波又起。他刚刚摸索到了开花店的节奏,就开始有人要来加盟。面对加盟者,他不是喜出望外,而是敬而远之。"我们什么都没有,你也太冲动了吧!"这是Sam当初最直白的回答。其实,Sam过后仔细想了想,真正想加盟One Day的店主,一定不是图钱图利的,而是真的对这个品牌打心底喜欢和热爱。于是,Sam不到一年开了4家店。开店征程从此展开。

用品牌的价值把控加盟店的质量

One Day开店这件事,Sam从加盟的角度做了很多。每家店以加盟的方式为主,但Sam可以用品牌的标准来要求加盟店把控质量。当然,他不是放任自流,每年Sam定期要求店主到福州来学习,什么时候出新品,花做到什么程度才可以卖,这些细节Sam都要亲自把控。而每位店主对Sam信任有加,即使他说今天你可以卖两束鲜花,店主宁愿一束不卖,也不能冒着砸牌子的风险。

对于店主的选择,Sam会考虑非常久,要接触相当长一段时间,店主才会取得他的信任。同时,店主必须本人就是花艺师,且不是急功近利的人。很多加盟店会出问题，往往是产品质量与人员管理，在Sam严格的要求下，就避免了以上可能。Sam说，如果这种形式OK，会组成一个三四人的团队专门负责此事。

One Day不是出自那部电影

相信为花店取名字这件事会困扰很多花店老板，那么One Day的名字是如何而来？想想也知道，像Sam如此斩钉截铁的人一定不会在这件事上纠结太久。One Day的名字就来自某一天，这一天Sam要跟团队一起确定花店形象、Logo、打样等等事宜，一天中好像定下来了未来。Sam说，不如就叫One Day吧，以后打广告也方便，什么"美好的一天从One Day开始啊"。谁知包括老婆在内的所有人都说，这是一部电影，而且是悲剧！Sam在第二天专门看了一遍这部电影，答案是：就它了！他觉得电影一点都不悲剧，反而让这种美好永存。Sam说，如果考虑那么多，那起什么名字都会有问题。

所有店都是我自己设计的，我的家也是我自己设计的

对了，Sam还是个有设计情怀的人。估计他的制图师看到这句话会跳脚。第四家店的门面设计图，Sam改了多版，且每天都抓着设计师熬夜到一两点。门头上的金色线条，Sam一定要求设计师认认真真给画出来。设计师说，老板，渲染出来之后根本看不到这条线啊！Sam说，不行，你一定要给我画出来。设计师说，老板，你怎么这么"作"啊！然后埋头继续做图。

爱她，吃苦的时候也没有抛弃我，不娶她娶谁

这也是句玩笑话。大多数人看来，像Sam这种风流倜傥型的公子哥一定是贪恋人间生活，不会那么早定终身，而1985年生的Sam已经有9年婚龄，并且有可爱的宝宝两个。当年她老婆因为他的明星狗认识了他，后来由着他任性出来租房养狗，放着家里的房子不住，跑到穷乡僻壤耍浪漫。其实，一开始Sam没有把花当成事业来做，因为老婆那时候并不喜欢。谁知道不是一家人不进一家门，在各地学习的过程中，老婆成了花艺师的主力，也是One Day知名的Vicky叶老师。果然，用了心的事谁都不会轻言放弃，还有就是，没有女生能逃过花的魔力。

到此，Sam的"生意经"先聊到这里，开篇我们提到的品牌，是One Day在做的另一件有趣的事。给花店品牌设计一个利于传播的Logo，让它成为品牌DNA的代言，这件事好像也有很多人在做，但没有谁能像Sam做得这么彻底。Sam说，这是"识别系统拟人化"。

"去品牌化是我现在一直想做的事。以后叫One Day的店会越来越多，而王耳立这个形象只有一个，我要让大家看到王耳立就能想到One Day。" Sam每次提到自己的规划时，都兴奋得不要不要的。

这就是Sam和他的One Day。一位拥有多重身份的斜杠商人，却进了花艺这个大坑暂时没打算出来。

VISIT ▶ One Day

📍福建省福州仓山区红坊创意园十号楼一楼 / 福建省福州仓山区红坊创意园二号楼一楼
福建省福清市万达广场 b1 区门口旁 73 号 / 福建省长乐市郑和西路 300 号蔚蓝国际

OneDay 花店 –Sam

One Day 的婚礼设计

Meng Flora 的花艺设计

花 × 品牌

PART 6　Flower BRAND

MENG FLORA 最善"变"的花艺品牌，在花艺圈里做了最有心的事

最善「变」的花艺品牌，在花艺圈里做了最有心的事

MENG FLORA

文字 函忆
图片 MENG FLORA（北京）

开始这篇采访前，首先要说明一点：仅凭这两千字是完全不足以充分了解这个在中国商业花艺市场打拼出一番天地的花艺品牌，随便感受感受它的设计，读读它的品牌故事，撩一撩这位创始人，你都可以发现自己原来墨守陈规不是因为踏实，是因为在行业里玩得不够透彻。

MENG FLORA 创始人：孟昭然

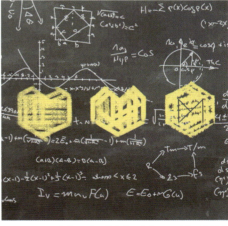

MENG FLORA 海报设计：青年节 / 猴年 / 万圣节 / 教师节

MENG FLORA 办公环境,干净简洁

MENG FLORA 的花艺工具系列

孟昭然，人称MENG。一路走来，好像他做的事情看起来都很酷。放着好好的金融专业不读，跑去法国学摄影，又留在巴黎著名的影棚工作。据说，他之后也硬是把公司里一个对摄影一窍不通的小伙儿掰成了首席摄影师。当然，这不算什么。

之前有一篇关于MENG的采访，称MENG是一个敢拒绝所有投资的花艺工作室。2014年创业，MENG花了一年的时间用最委婉又让人无法拒绝的方式"感谢"了当时的天使投资，让MENG FLORA踏踏实实成为自己可以完全决策其方向的品牌。

关注品牌，首战告捷

这几年，MENG本人从一个开花店的，到做设计的，再到现在的MF线上花市。无论是服务世界上最难搞的客户，还是深入"基层"，MENG FLORA以任何形象出现的时候，都带着它的专有标签：过目不忘的六边形Logo，深入基因的高冷调性，还有他始终在"变"的行业敏感。

在正式开始接触鲜花之前，MENG就是传说中的"公关狗"，"狗粮"不够的时候他的精神支柱来自公司附近一个20平方米的小花店。而鲜花给MENG带来的灵感并不只是停留在精神层面，他开始琢磨这一领域国内市场供需不符的环境下，自己可以做些什么。就这样，2013年年底开始筹划创业，2014年3月辞职，2015年5月18日MENG FLORA成立一周年之际，已经积累了120多家品牌客户，负责设计了超过150场活动花艺。这个数字在当时对于很多还在观望市场的人来说，似乎已经不是可以赶超的节奏了。在这个阶段，MENG FLORA对外的所有设计和品牌，基本上都是他一个人负责运营。

其实对于一周年的阶段性成功，MENG并不认为有什么诀窍，做好的设计，想办法让更多的人知道你，还有就是，出身公关行业背景，服务意识深入骨髓。这也是为什么MENG既能被世界大牌钦点为品牌活动的花艺品牌，如今也能服务于最广大的鲜花需求群体的几个关键性原因。

变来变去，回到了花艺最源头

就像当初MENG决定创业时的状态一样，个性上不安于现状，不断追求改变的他，在经过大半年的调查、分析与计划之后，终于在2016年春节，MENG带领团队做了一个质的突破，开始走向了花艺产业上游的供应平台线上花市。

然而，MENG的转型并非偶然，也不是所有人都能像他一样说变就变。首先，就

MF 花市现在有来自全世界 32 个国家的 640 多个品种的花材

MENG FLORA 的办公环境，有着深入基因的高冷调性

MENG FLORA本身来说，90%的对公业务看似光鲜，但随即也会产生几大问题：第一是账期问题，第二是业务扩张问题，第三还有单个业务量无法显著提升的问题。于是MENG开始带领团队寻找转型的方向。他说："我这个人有个习惯，就是当一件事情似乎成了的时候，就开始想下面该干什么了。"何况，当一个行业处于发展中的时候，总要有那么几个人点着灯在市场中未知的地方领跑，说不定就在哪儿安营扎寨。

那么，其次对于花艺行业来说，当需求增加，要求提高，人变得更"懒"，商机也在其中不断地浮现。MENG说："我们第一时间就能聚集到这么多高端优质的客户，并不是我们砸了多少钱做了多少广告，而是我们了解他们的需求和痛点。我相信行业的洗牌才刚刚开始，接下来还会更刺激。"

现在的MF花市，有来自全世界32个国家的640多个花材品种，其中超过一半的产品是农场直供，也就是说跨越了层层的中间商，在价格、品质、时间上更具优势。更重要的是，减少了中间商的运输，给地球减排出了自己的一份力。

总之，MF是一个神奇的线上花市平台，用户可以在线预订花材，并且其质量、运输、服务等方面优于市场上参差不齐的花材商。

在MF上线的前几天，MENG FLORA的公共号连续发布了以《变》为主题的几篇推文，一堆MENG老板的死忠粉在推文下面踊跃留言，丝毫不回避自己对MENG本人还是对MENG FLORA品牌的爱慕&仰慕之情。比如"MENG老板要出台啦！""不操心就能进到质量好的花实在是太棒！"诸如此类的评论。其实，想想看，做生意能像MENG老板一样刷脸如此自然并不多见，以前做设计的他，在这一步棋上肯定会与很多花材供应商不小心成了竞争对手，也有可能成为他的客户，这种诡谲的关系实在是想让人在他后脑勺画上三条黑线。不过，MENG谈起这件事的时候，还是傲娇一脸。

MENG说，他和供应商的关系这几年一直都能保持着喝酒吃肉的兄弟情谊，虽然转型做了花市，这种关系依旧保持。他认为如此的原因有三：1.为了做出更好的设计作品，必须要了解产品的根源；2.作为一家规模不大的

MENG FLORA 的花艺设计非常有它的品牌调性

设计工作室,我们深知花艺行业里供应商的重要性,他们输得了我们,我们输不起供应商,所以供应商在行业里有着更牛的地位;3. 最重要的是:MF对待所有供应商的态度是与对待所有高级客户一样,尊重、专业、简单干净,我相信这一点传统行业的人最能体会也最能被打动。

其实,聊到这个话题的原因是源自中国花艺行业的一些现状。很多行业的从业者都分为两种,做事的,还有赚钱的。赚快钱的不一定做事,想一直赚钱的一定要先做好事。先想着怎么把事情做好的,往往就成为了这个行业具备话语权的那一部分。

对于MENG来说,除了个人的能力与个性之外,他还有一个特点就是,从卖花到做设计,到媒体平台,再到线上花市,他在产业链上的每个环节都走了一遍,看到了机遇,同样看到了问题。作为行业的一份子,首先他想到的就是改变市场中不规范的环境,然后才能去做共同受益的生意。所以,MF不是林林总总的花商,不是荷尔蒙爆棚外强中干的互联网,这是一个善"变"且有能力改变中国或者世界范围的品牌。

213

为 FOREVER MARK 做的自然系花艺设计,以桦木搭配苔藓打造原始的气息,以镜面营造水面,创造第四维空间,寓意着永恒

《爱乐之城 LA LA LAND》中获得灵感的花艺设计。
当混乱到达边际，会重叠出新的秩序。

 VISIT ▶ MENG FLORA 📍 北京市朝阳区半截塔路 55 号七棵树创意园 A8-3B
📞 4000-380-233   🌐 www.mengflora.com   MENGFLORA

品牌合作
Brand Alliance

Cohim 中赫时尚
亚洲顶级花艺培训学校
电话：400 6345 900
微博：@中赫时尚cohim
官网：www.cohim.com

MENG FLORA
中国花艺先锋阵营
电话：4000-380-123
微博：MENG FLORA
官网：www.mengflora.com

TOGETHER 苁
设计审美的花艺资材家
电话：400 606 9656
微博：TOGETHER苁丛
淘宝：https://together-cc.taobao.com

润家家居
演绎诗意 心随润家
微信：homechoicedecor
电话：15080481915
网址：http://m.1688.com/winport/b2b-28821759870187a.html

天狼月季
为中国的月季育种事业而努力
微博：天狼月季
淘宝：https://shop36517414.taobao.com

陶文时代
时尚前沿的陶瓷文化
电话：13146285586
13121717171

flowerlib
自然系花材的图书馆
微博：植物图书馆
淘宝：植物图书馆花材店
微信公众号：植物图书馆flowerlib

"云花"新品、优品交易平台
电话：0871—66200029
网址：www.kifaonline.com.cn
微信：huapaizaixian

媒体合作
Media Partners

 北京插花协会

 婚礼素材搜集者

 芍药姑娘

 喜结婚礼汇

 早安园艺

 花现生活美

 环球花艺报

 塔莎园艺

 全球花店业态最新资讯
花业从业人员培训
花卉与生活的体验活动
转转会

欢迎光临
花园时光系列书店

Welcome to the Bookstore of "Garden Time" book series

扫描二维码了解更多花园时光系列图书

购书电话：010-83143594

中国林业出版社天猫旗舰店

花园时光微店